¿Qué diría Cicerón?

El mundo digital en diálogo con las humanidades

Ángel Pérez Martínez

¿Qué diría Cicerón?

El mundo digital en diálogo con las humanidades

¿Qué diría Cicerón?

El mundo digital en diálogo con las humanidades

Directora editorial: Liz Perales
Bolchiro S.L.(www.bolchiro.com)
Zurbano, 47 - Madrid, 28010

Impreso en junio de 2021, Madrid
ISBN del libro electrónico: 978-84-16503-20-9
ISBN del libro impreso: 978-84-16503-19-3
Procesos digitales de edición: www.bolchiroservicios.com

Índice

Prefacio

El puntillismo, la corriente liderada por George Seurat, tiene un principio similar al *PixelArt*: tratar de dibujar con pautas matemáticas diseños que están íntimamente relacionados con los patrones ópticos. Solo la definición de la palabra pixel, "superficie homogénea más pequeña de las que componen una imagen de video" hace evidente sus connotaciones estéticas, y es muy similar al *punto* de la corriente postimpresionista. Las correspondencias entre el puntillismo y el arte del pixel son un ejemplo de intersección de la pintura tradicional y la digital.

En un sentido metafórico los artículos aquí contenidos son una serie de puntos que conforman una ilustración mayor, y habría que alejarse un poco para poder configurarla.

Tanto la confluencia plástica como la metáfora son una muestra de las posibilidades de reflexión que ofrecen las llamadas Humanidades Digitales. El fin de estas páginas es analizar algunos aspectos del fenómeno digital que encuentran conexiones con las humanidades. Hay un hilo interdisciplinar que teje estas breves reflexiones por aquella razón de que las artes liberales siempre están abiertas al diálogo con las ciencias.

Hoy el verbo digitalizar se utiliza tanto que corre el riesgo de perder su sentido. Más allá de las formulaciones técnicas o teóricas es imposible comprender este mundo si no entendemos el analógico. Y más aún, si no estudiamos sus cruces y bifurcaciones. De esto precisamente trata este libro.

El último de estos artículos fue escrito tres meses antes de que la pandemia del COVID asolara el mundo. No he añadido referencias a ello para dejar claro cómo muchos procesos ya eran una realidad entonces. Esta lamentable crisis ha acelerado y puesto sobre la mesa un diálogo que será fecundo para un nuevo futuro.

Quiero agradecer a mis colegas de la Facultad de Ingeniería de la Universidad del Pacífico y también al City Science Group del MIT, Media Lab, pues gracias al trabajo interdisciplinario y colaborativo he aprendido sobre muchos de los conceptos tratados aquí. La mayoría de estos artículos fueron inicialmente publicados en la web de contenidos del BBVA. Estos han sido el germen de este libro y quiero agradecer al área de comunicación del banco en Madrid por su confianza en mis artículos y la libertad que me dieron desde el principio para colaborar en un proyecto con la aspiración de transmitir conocimiento.

Madrid, junio de 2021

Suposiciones

¿Qué diría Cicerón sobre las redes sociales?

Si Cicerón o Quintiliano hubieran conocido las conferencias TED [1] probablemente las habrían incluido dentro de su repertorio de ejemplos retóricos. Quizás porque sus oradores persuaden con elocuencia, como ellos recomendaban.

La definición clásica de la retórica es el arte de hablar en público, aunque este se puede extender a otros tipos de discursos. Sus herramientas y disquisiciones se relacionan —y pueden aplicar— al momento actual; específicamente a la participación en las redes sociales.

Hoy las posibilidades de escribir y hablar en público son muchas. Lo señalaba el escritor Joshua Cohen en una entrevista [2]. Comunicarse a distancia, masivamente y con dispositivos digitales ha llevado a la retórica a una nueva dimensión. El mundo actual está lleno de manifestaciones persuasivas que pueden ser tan útiles como nocivas si no sabemos distinguir el contenido.

Hace algunos años Sam Leith publicó el libro *¿Me hablas a mí? La retórica desde Aristóteles hasta Obama* [3]. En este texto el periodista de *The Spectator* da un repaso a los conceptos retóricos y su relación con la cultura popular y con los grandes comunicadores de la actualidad.

Para Platón el arte de la persuasión era una de las habilidades del ciudadano responsable. Aristóteles tiene un tratado con este nombre, y en él dice que la *Retórica* [4] ha de ir acompañada del conocimiento. El mal uso de la persuasión genera bulos e ignorancia; nuestro mundo nos es ajeno a estos males. Quizás por ello la retórica tiene más actualidad que nunca en la era digital.

En ese sentido los exponentes retóricos actuales son los youtubers. Algunos, como el español AuronPlay [5] tienen grandes "exordios". Un exordio para la teoría retórica es aquella captación de la atención del oyente. Otro youtuber que se destaca por su "captatio benevolentiae" es el estadounidense Shane Dawson [6].

Para comunicar adecuadamente es necesario desarrollar habilidades de motivación y convencimiento. La retórica clásica señala que no basta con atraer al oyente, sino que dicha sugestión debe acompañarse de un conocimiento cierto y una expresión adecuada. Las nuevas plataformas retóricas son el podcasting, los videos periodísticos, los blogs y las redes sociales tradicionales.

La *narratio* es otra de las partes claves del discurso. La youtuber Safiya Nygaard [7] sabe bien cómo exponer los sucesos, igual que la presentadora de televisión Ellen DeGeneres, cuya capacidad de motivación se manifiesta también en su cuenta de Twiter [8].

Tanto el exordio como la *narratio* han de tener en cuenta al oyente, su interés, e incluso su capacidad de atención. En ese sentido el mundo digital es muy exigente. Los mejores canales en redes sociales son minimalistas. No desgastar la atención del oyente es una capacidad de muchos podcasters, youtubers y escritores digitales. En un corto espacio de tiempo o de texto son capaces de condensar el máximo de información. El presentador de televisión Jimmy Fallon [9] es un ejemplo de capacidad sintética. A eso deben apuntar las habilidades de los gestores de redes sociales.

El ordenamiento de los argumentos del relato se manifiesta en muchos canales dedicados a la crítica tecnológica. El canadiense Dave Lee analiza multitud de dispositivos en su canal de Youtube [10] y siempre lo hace con orden y concierto. Otro youtuber cuyos guiones son ordenados y divertidos es el norteamericano Austin Evans [11].

Después de ordenar los argumentos los mismos han de confirmarse. La correctora de texto Mary Norris tenía un espacio entre los videos de *The New Yorker* donde explicaba dudas gramaticales en inglés[12]. Sus intervenciones, de no más de diez minutos, son una excelente muestra de método argumentativo.

La capacidad dialéctica es otra de las menciones de los maestros clásicos de retórica. Es la confirmación lógica de lo que decimos. Youtubers con gran capacidad argumentativa son el norteamericano Casey Neistat[13] o el bloguero británico Charlie McDonnell[14].

Entre los blogueros podemos destacar a Harsh Agrawal[15] que escribe sobre publicidad digital o John Lee Dumas con eofire.com quien es un *podcaster*[16] que descubre nuevos caminos para emprender. Maria Popova y su página Brain Pickings son una muestra de retórica escrita que intenta comunicar valores[17].

Todos estos retóricos digitales son capaces, además, de terminar sus intervenciones con mecanismos que mantienen la expectativa, a tal punto, que congregan muchos suscriptores en sus canales. Las "peroratas" actuales generan pulgares en alto, comentarios y puntuaciones. El mexicano Luis Arturo Villar[18] es un viajero que mantiene muy bien estas expectativas finales en las conclusiones de sus vídeos.

Un reciente programa de la escuela de educación ejecutiva del MIT se titula "Comunicación y persuasión en la era digital"[19] y relaciona las teorías de la persuasión con las redes sociales, el análisis de datos y la capacidad de liderar proyectos. Otro grado, esta vez un diplomado en Retórica de la Universidad de los Andes[20], confirma el interés académico en estos asuntos. Curiosamente los mejores maestros de retórica son los que se encuentran en la nube. Y van creando una red de conocimiento que amplía nuestro horizonte.

El famoso debate entre Sócrates y los sofistas es una anotación interesante en el clima de la posverdad. Platón, discípulo del primero, advierte que el arte de la persuasión entraña peligros como el talento para engañar[21]. Una retórica que se enfrente a los bulos debe tener una cierta base científica y estar acompañada por una constante reflexión sobre los valores.

Proust y la inteligencia artificial

Los sistema de predicción basados en macrodatos parecieran estar lejos de la literatura. Se les relaciona más con otras áreas de las humanidades como la lógica filosófica, la lingüística o la ética. Sin embargo algunos científicos perspicaces se han percatado de vínculos inéditos entre el análisis de datos y la narrativa.

En una reunión interdisciplinar organizada por Big Data & Analytics del BBVA, Iskra Velitchkova[22] comentaba que la IA está todavía lejos de sugerir relaciones como la de la magdalena de Proust. Aquél bizcocho que retrotrae al protagonista de *En busca del tiempo perdido* a su infancia. Esto es un buen ejemplo de cómo la literatura puede representar la complejidad de la mente humana. A partir de allí se vislumbra la ardua simulación artificial.

Siguiendo estas huellas podríamos preguntarnos cuáles son los aportes que la teoría narrativa ofrece al aprendizaje de las máquinas. Si la IA encuentra sugerencias desde la neurociencia, quizás habría que empezar a desarrollar una simbiosis con un *Storytelling* más profundo. James Wood en su libro *Cómo se construye una novela*[23] dice que «la casa de la ficción tiene muchas ventanas, pero dos o tres puertas». El crítico de *The New Yorker* se refiere a que las formas de narración son pocas a pesar de la cantidad de información expuesta. Esta sería una primera clave interesante: la simplificación que logra el escritor al contar una historia a pesar de la multiplicidad de datos que la conforman.

Hay varios paralelismos entre el escritor y el programador. Los dos crean entidades como el narrador o la IA. Siguiendo con la cita de Wood podríamos decir que los dos manejan mucha información que han de ordenar y ofrecer condensada. Otra relación que me parece interesante es que el escritor y el programador han de comunicarse con "alguien", sea el lector o el usuario. También hay vínculos en torno a las formas de contar la historia, el manejo del lenguaje, la descripción de los espacios o los tipos de lectores. Aunque no hay espacio para desarrollar todas estas ideas el más importante de los vínculos es que ambos imitan el pensamiento humano.

La elección del narrador que la teoría de la literatura denomina *omnisciente* es un camino a explorar. Un narrador omnisciente es un tipo de personaje al servicio del autor que sabe todo sobre una historia y la cuenta selectivamente. Pero lo hace con una sabiduría que le permite ofrecer información adecuada. Así el lector puede deducirla, implicarse en ella y emocionarse. ¿Algún día la analítica de datos podrá seleccionar datos con este tipo de inteligencia narrativa? En cualquier caso también habría que explorar la posibilidad real de saberlo todo y a partir de allí desarrollar una estructura narrativa coherente. Esto es lo que han logrado los grandes autores literarios. No solo construyendo una arquitectura del conocimiento en los mundos creados, sino siendo congruente con la psicología humana y no olvidando a sus personajes, sus espacios y una cronología específica.

Si de lo que hablaba Iskra Velitchkova es de sistemas de recomendación en IA, de alguna manera un escritor también podría ofrecernos algunas pautas al respecto. Los autores no se dirigen a una sola persona; escriben para un conjunto de lectores que prefieren una temática o un género literario. Los escritores son capaces de suponer aquellas preferencias que podrían tener sus lectores sin conocerlos individualmente. Por eso influencian también en sus gustos, probablemente porque los lectores confían mucho en sus propuestas. Pero también sorprenden a sus seguidores. Aquellos algoritmos que son capaces de aconsejar al usuario en base de supuestas preferencias ¿realmente aportan novedades aportan a su bagaje? ¿Es ese conocimiento el único modo de recomendar nuevas posibilidades? Los grandes autores son buenos consejeros porque muchas veces nos sacan de nuestras zonas de confort y nos enseñan nuevos horizontes.

Algunos programadores o inventores van y vuelven de la república literaria buscando inspiración. En la última edición de *Wired*, Christina Larson citaba al experto en IA Jiawei Gu. Decía el joven ingeniero que "es una pena que Steve Jobs se perdiera la era del aprendizaje de las máquinas"[24]. Gu supone que hoy Jobs hubiera estado interesado en poder aplicar a la IA lo cultivado en sus años de creación en Pixar.

Los escritores son capaces de traducir la información visualmente, ya sea mediante metáforas o imágenes. Esas construcciones son muy interesantes porque aportan una capacidad de concreción sobre informaciones que pueden ser disímiles. Un tipo de literatura que se ajusta mucho a los intentos de emulación de la IA es la literatura de viajes. Este género sintetiza la retórica con un hilo descriptivo fundado en la cantidad de información conseguida. Los grandes escritores de literatura de viajes compendian mucha información, pero sus libros son mucho más que guías de viaje porque sintetizan, emocionan y aconsejan al lector.

Uno de los grandes clásicos de este género, el británico Patrick Leigh Fermor[25], describe las orillas del río Eurotas, donde estuvo la antigua Esparta: «Álamos, sauces, chopos y plátanos se agitaban a lo largo de las riberas, los olivares moteaban de verde plateado las moderadas pendientes, y los troncos de los árboles proyectaban una sombra cada vez más larga. En numerosos lugares, la oblicua luz del sol atrapaba los discos de las eras, que, tan lisos e impecablemente circulares como la base para un templo cilíndrico, brillaban como monedas».[26] Quizás la IA no puede hoy ordenar la información de esta manera. Pero estos modelos literarios son una forma de aprendizaje para que las máquinas puedan entender mejor cómo pensamos los seres humanos.

¿Qué diría Aristóteles sobre la inteligencia artificial?

Es probable que lo primero que haría el filósofo sería elaborar una estrategia de estudio. Igual que cuando ideó un manual de uso de la mente con la *Lógica* o al desarrollar una previsión crítica para examinar lo metafísico. Aristóteles «intentó mostrar que todas las cosas de la naturaleza pertenecen a determinados grupos y subgrupos», escribía Jonstein Gaarder en *El mundo de Sofía*[27]. Pero primero hizo un recuento de las herramientas que tenía para dicha tarea.

Entre los medios para conocer la inteligencia artificial (IA) estarían los sentidos y —paradójicamente— el intelecto. Algunas preguntas surgen desde este método ¿dónde ubicaríamos la IA? ¿en el ámbito de los productos humanos? O quizás ¿en la propia lógica humana y sus derivaciones?

En esa línea Aristóteles hubiera intentado aclarar la definición de inteligencia. Él llamó "alma racional" al ámbito donde se encontraba el intelecto humano aunque allí habían otras cualidades del alma como la vegetativa y la sensitiva. La IA podría ser una inteligencia parcial. Una pregunta aristotélica sería si dicha inteligencia tendría entidad, es decir si podría ser considerada "algo" o "alguien". Eso dependería de su autonomía. Otra cuestión sería si la esencia de la IA ¿se encuentra en el *software* o en el *hardware*?

Estas preguntas tan teóricas se vuelven prácticas si en el futuro delegáramos alguna responsabilidad en la IA, para integrarla en nuestras leyes o constituciones. No olvidemos que toda la estructura de pensamiento aristotélica apunta a la ética y la vida social.

¿Y es posible comprender la IA? La pregunta puede parecer de Perogrullo aunque Aristóteles era muy precavido. Sería una predisposición natural porque «todos los seres humanos deseamos conocer» dice en la *Metafísica*. La percepción por los sentidos es un primer paso en el conocimiento de la IA, pues nos ayuda a entender que ella depende de impulsos eléctricos y que su desarrollo es posible gracias una sofisticada gestión de energía. Esto también es muy aristotélico, porque el aprecio a los sentidos —se dice también en la *Metafísica*— es consecuencia del conocimiento que obtenemos por ellos. Pero después de comunicarnos con las máquinas gracias a los interfaces y comprender mejor sus procesadores llegamos a asuntos menos sensoriales.

Habría que fijarse en qué se fundamenta la IA. Quizás Aristóteles hubiera desempolvado la filosofía de las matemáticas. Esta intentaba comprender al *número* como una idea diferente a otras ideas. Reflexionar sobre la capacidad de lo numérico para definir el universo es una cuestión interesante. Y quizás el filósofo hubiera barruntado otras posibilidades al hablar de los lenguajes de programación, el código máquina, los enfoques heurísticos, los algoritmos y el sistema binario.

A este punto deducimos que entender cualquier inteligencia es difícil. Cuando el filósofo teoriza sobre ello sugiere que el mejor intelecto sería aquél «que se piensa a sí mismo». Una inteligencia que se comprende cabalmente sería perfecta. Si el entendimiento humano fuera así un artículo como este no tendría ningún sentido. Menos mal.

El sabio de Estagira ya había observado que el mundo está poblado por multitud de seres con características diversas. Su *Historia de los animales* es una clasificación de las diversas formas de vida que encontramos en la naturaleza.

Una de las diferencias que encuentra entre ellos son los niveles de inteligencia. Al ser humano lo describe como un "animal racional". Así que Aristóteles, experto en definiciones, en algún momento atendería la situación de la inteligencia artificial (IA) y su relación con la existencia o la recreación de esta.

Precisamente la noción de IA surge —en el pensamiento contemporáneo— a partir de la interrogante de Turing sobre si las máquinas pueden simular el pensamiento humano. Este trabajo se publicó en 1937 en los *Proceedings of the London Mathematical Society*[28]. Tanto Turing como los fundadores del concepto IA de la Conferencia de Dartmouth de 1956[29] trabajaron sobre las posibilidades que los ordenadores tienen de solucionar problemas a la manera de la mente humana.

Siguiendo esta dirección Aristóteles realizaría algunas comparaciones. Como cuando señaló los animales que podrían tener señales de inteligencia similares a la humana. En la *Ética para Nicómaco* dice que "algunos animales son prudentes", y también que los pájaros son ingeniosos, las hormigas laboriosas y las palomas advierten el peligro. De seguro Aristóteles también regalaría algunas comparaciones para la IA.

A partir de esto habría que preguntarse si la IA sería capaz de realizar definiciones sobre lo que le rodea. El científico Ramón López de Mántaras dice en *El próximo paso. La vida exponencial*[30] que podemos ver al ordenador como una «herramienta creativa en sí misma» y evaluar sus productos a la manera humana. Los trabajos de este área analizan precisamente los desarrollos de la creatividad computacional.

Para Aristóteles la inteligencia es capaz de plantear conceptos desde la percepción sensorial, otra señal de raciocinio sería la posible interpretación del mundo que nos dé la IA. Si un robot explorara otro planeta y además de dar información, ensayara nuevas definiciones sobre su estructura, entonces —quizás— estaría pensando aristotélicamente.

Si los filósofos usaran un navegador...

Los bulos no son una novedad en el mundo. Ya Sócrates reaccionó frente a las mentiras de los sofistas en el siglo IV a.C.. A lo largo del tiempo los filósofos han aportado algunas sugerencias que pueden ayudar a encarar las falsedades que se viralizan en las redes sociales y los medios digitales.

Aristóteles (384-322 a.C.) apunta en la *Metafísica* que "todos los seres humanos desean por naturaleza saber", aunque ese afán no debe obnubilarnos. Él mismo preparó un manual para evitar los errores del conocimiento al que luego se llamó *Lógica*. Pensar ordenadamente nos ahorraría algunas incertidumbres en el día de hoy.

La duda metódica cartesiana nos sugiere sospechar de aquello que se nos presenta como real. Porque —hasta los sentidos nos pueden engañar— diría Descartes (1596-1650). La posibilidad de la mentira está presente en todo proceso de conocimiento. Por eso no está de mal comprobar las fuentes de las noticias que caen en nuestras manos, o la identidad de quienes las propagan.

El peligro de una suspicacia obsesiva nos haría caer en el escepticismo. Como dice Ortega y Gasset (1883-1955) esto podría llevar a "una radical actitud defensiva". Por eso la filosofía debe ser "a la vez escéptica y dogmática", es decir crítica y capaz de reconocer lo cierto. Esta defensa del equilibrio también es muy interesante. Las teorías de la conspiración que consideran falsos algunos datos científicos se olvidan de ello.

Kant (1724-1804) es un autor inspirador también. Su *Crítica del juicio* advierte que hemos de analizar nuestras capacidades racionales pues no necesariamente podemos conocer la esencia de los objetos. La cantidad de información ofrecida en internet nos podría hacer suponer que tenemos al alcance de nuestra mano toda la información posible y esto no es cierto. Hay ciencias que se siguen desarrollando y textos todavía desconocidos. Otra sugerencia kantiana sería aquella de elevar responsablemente nuestra voz en público. Cuando escribió el artículo *Qué es la Ilustración*, no sospechaba las posibilidades de los medios digitales. Sin embargo la posibilidad de establecer consensos, de reclamar educadamente y de ser coherentes es todo un manual de comportamiento digital.

El empirista David Hume (1711-1776) nos diría que hemos de ser precavidos porque todo efecto es distinto de su causa, y no hemos de inferir nada que no sea asistido por la comprobación de la experiencia. Aquí podríamos incluir —por ejemplo— noticias alarmantes que han de ser confirmadas, acusaciones no contrastadas o las acusaciones gratuitas. La difamación es lamentable, desde esta perspectiva, entre otras cosas por su falta de coherencia.

El también británico Wittgenstein (1889-1951), con su famosa sentencia del *Tractatus* "sobre todo lo que no podemos hablar debemos guardar silencio" inaugura una fórmula analítica de comprensión. Confirmar los sucesos, mantenernos alejados de las suposiciones e intentar que nuestro lenguaje corresponda con los hechos son dinamismos que se desprenden de esta máxima.

Pero, al igual que las recomendaciones de prudencia, autores como Nietzche (1844-1900) alaban el enciclopedismo de Voltaire, al que llama un "espíritu libre". Nunca más que hoy internet nos da la posibilidad de conocer más y mejor el universo y sus entresijos. Probablemente sea la Wikipedia un tipo de conjunción entre el espíritu de Diderot (1713-1784) y d'Alembert (1717-1783). Una llamada al autodidactismo y la comprensión autónoma de lo que nos rodea.

En todo ello, antes de buscar tener la razón y dar respuestas, habría que pensar dialécticamente y recordar con Henri

Bergson (1859-1941) que "se trata de encontrar el problema y por tanto de plantearlo, más aún que resolverlo". Quizás deberíamos olvidar los prejuicios, las opiniones establecidas para hacer un ejercicio de fenomenología a la manera de Husserl (1859-1938) y poner entre paréntesis el mundo e ir "hacia las cosas mismas".

Filósofos más cercanos en el tiempo como el francés Paul Ricoeur (1913-2005) dirán que "es la misma época la que desarrolla la posibilidad de vaciar el lenguaje, la que da la posibilidad de llenarlo de nuevo". Esta es una invitación para comprender mejor el mundo y sus simbolismos y sobre todo de tomar el uso de la palabra con responsabilidad. Tener un teclado en frente nos da derecho también a intentar completar los datos sobre el universo.

Si los primeros filósofos hicieron esfuerzos para pasar del mundo mitológico hacia el logos, desde un mundo de bulos y supersticiones hacia una cierta coherencia racional es porque tuvieron una actitud diferente. Como dice Karl Popper (1902-1994) sobre los primeros pensadores "algunos empiezan a plantear preguntas; ponen en tela de juicio la integridad de la doctrina: su verdad". O en otras palabras: son capaces de criticarse a sí mismos.

Un recorrido por la historia de la filosofía daría mayores luces sobre los peligros de la inflación informativa, la exposición a la misma, y también aportaría numerosos elementos para las lecturas digitales. En otras palabras; la filosofía continúa siendo el mejor antivirus contra la ignorancia.

Los lenguajes de programación y el pensamiento crítico

Los intentos de los primeros filósofos por ordenar el pensamiento tienen paralelos con los lenguajes informáticos. Los métodos desarrollados por pensadores como Avicena, Santo Tomas, Descartes, Leibniz, Kant, Russell o Whitehead encontrarían un gran aliado en el aprendizaje de los lenguajes de programación. Si Aristóteles emprendiera la redacción de sus *Primeros analíticos* hallaría grandes ejemplos en la programación de ordenadores. Aunque esto sería empezar por el tejado, porque los lenguajes de programación son una nueva formalización de la lógica, posterior a la lógica matemática de los siglos XIX y XX de Peano y Frege. Esto, por otra parte, está muy relacionado con los usos gramaticales y los paradigmas lingüísticos.

Y esto no nos obliga a ser especialistas en informática. Los lenguajes de programación son los que permiten dar indicaciones a las máquinas, y ellos son los que las hacen más o menos inteligentes. Así, cuanto más sepamos acerca de estos procesos mejor entenderemos el funcionamiento del mundo actual. Y también estaremos más protegidos frente a leyendas urbanas y noticias falsas. Por ejemplo, si sabemos cómo funcionan los algoritmos de protección de nuestras cuentas bancarias dudaremos de aquél bulo que dice que si metemos el pin al revés en un cajero, el banco inmediatamente avisará a la policía[31].

La comprensión general de los sistemas informáticos, desde los dispositivos más básicos hasta la inteligencia artificial, es un desafío en la administración empresarial y la gestión pública. Hace unos días el ministro de ciberseguridad de Japón aceptaba su ignorancia sobre el concepto de memoria USB[32]. La educación tradicional —y en muchos casos la actual— ha desatendido a estos asuntos y muchos de nuestros gobernantes y directivos padecen diversos niveles de analfabetismo digital.

Los primeros intentos de programar una máquina llegaron cuando las mismas eran muy rudimentarias. Una gran precursora de los lenguajes de programación fue Ada Lovelace en el siglo XIX. Esta escritora y matemática creó el primer algoritmo para programar la máquina analítica de Babbage, que no había sido construida todavía. Anotación al margen: una primera edición de "Sketch of the analytical engine invented by Charles Babbage" de Ada Lovelace fue vendida recientemente por cerca de cien mil libras esterlinas[33].

Si durante la segunda parte del siglo XX la economía era la ciencia que nos permitía comprender mejor el entramado funcional del mundo hoy es la informática la que nos ofrece claves fundamentales. En el siglo pasado los intercambios financieros de la sociedad industrial marcaban el desarrollo de las sociedades y las naciones. Pero las transacciones que se fundamentaban en procesos analógicos ahora son digitales. Por ello, y aquí otro ejemplo, para entender los procesos de *blockchain* que gestionan las criptomonedas tendremos que tener nociones de programación computacional.

Dar instrucciones a un procesador, eso es programar. Los procesadores son el cerebro de los ordenadores y muchas otras máquinas que nos rodean. Trabajan con *bits,* esto es ceros y unos. Puedes realizar multitud de indicaciones que el procesador traducirá a ceros y unos, precisamente porque son números. Escribir, dibujar, sumar, editar videos, invertir en bolsa o dictar órdenes a un automóvil. Los lenguajes de programación son como diversos idiomas con los que podemos comunicarnos con el procesador. Algunos son más simples, otros más complejos dependiendo de las tareas hacia las que estén dirigidos.

La historia de los lenguajes de programación se inicia a mediados del siglo pasado con el lenguaje Fortran, desarrollado por la IBM. A partir de allí llegarán otros lenguajes de los que mencionaré solo algunos: Algol (1958), Cobol (1959), Basic (1964), Pascal (1970), C (1972), C++ (1983), Python (1991), Java (1995), C# (2000), Scratch (2002) o Rust (2010). El reporte Octoverse nos muestra cuáles son los lenguajes de programación más populares de los últimos tiempos[34].

La arquitectura de software distingue entre programadores científicos, expertos en seguridad, desarrolladores Web, analista de sistemas y muchos otros[35]. Los programadores se especializan en múltiples campos. Para comprender esto también hay que saber que la programación actual se realiza en forma de módulos. Los programas se complementan y se superponen o integran en sistemas comunicantes. Los programadores dependen, confían y se relacionan unos con otros. Todos cooperan en el desarrollo de estructuras como los constructores de las ciudades tradicionales: arquitectos, ingenieros, maquetadores, obreros y proyectistas[36]. El experto en internet de las cosas, John Cohn, dice que lo más interesante de nuestra época es el entorno colaborativo entre programadores[37].

Los sistemas operativos son el software fundamental en muchas máquinas pero estos necesitan aplicaciones para realizar tareas. Ejemplos de sistemas operativos para ordenadores son Unix, Windows y Mac OS, para dispositivos móviles Android y iOS, para relojes inteligentes WatchOS y Android-Wear. Cada programador se especializa en uno o varios lenguajes dentro de un sistema operativo, y a su vez, debe conocer los rudimentos de otros.

Curiosamente la programación está íntimamente unida a la capacidad de pensar críticamente. Ser capaces de hilvanar argumentos, defender nuestros derechos, solucionar problemas, denunciar injusticias o simplemente debatir con cierto rigor. Porque quien aprende a programar, de una u otra forma está obligado a pensar con lógica. Además los programadores piensan de forma colaborativa, y su trabajo está muy relacionado con la creatividad o la ética.

Algunos académicos piensan que la enseñanza general debería añadir el saber cómo piensan las máquinas y no la programación específica[38]. Lo cierto es que para entender qué tipo de ayuda informática necesitamos al emprender un negocio, o desarrollar un proyecto es muy conveniente todo tipo de información sobre programación[39].

Todavía hay quien piensa que lo más humano es prescindir de las máquinas para relacionarnos mejor, lo cierto es que la comunicación siempre ha dependido de la tecnología. Y cuanto mejor la entendamos más la integraremos.

Estética e innovación: de Nietzche hasta Freeman pasando por Schumpeter

La velocidad del cambio tecnológico nos lleva por derroteros increíbles, a veces más fugaces que lo que quisiéramos, donde la flexibilidad para adaptarse a los cambios y la reinvención es casi una obligación. Este desarrollo tecnológico se encuentra con contradicciones constantes como solucionar —a estas alturas— los problemas ambientales que han generado el motor de combustión o la síntesis del polímero. Seguimos innovando pero a veces solo para corregir los errores de innovaciones anteriores.

Tiene más autonomía un libro que una tableta, sugería un vídeo Youtube, porque el primero aguanta más tiempo sin batería. Lo cual quizás recuerda en forma de paráfrasis aquella vieja teoría socrática: pienso con inseguridad, porque es el tipo de pensamiento más seguro. La costumbre de retroceder para luego avanzar es un consejo que nos llega desde la legendaria Escuela de Atenas. Aristóteles sabía que debía describir científicamente el mundo, pero prefirió replegarse varias veces antes de emprender semejante tarea. Uno de estas famosas retiradas se da en su *Organon* donde establece un manual del buen pensamiento. Convendría —tal vez— una estrategia similar en medio de la efervescencia inventiva que nos envuelve.

La fiebre innovadora proviene del cauce de las ciencias económicas, sus fuentes se encuentran en Joseph Schumpeter y su teoría de las innovaciones (1939), que a su vez podría tener relaciones con la clásica tensión hegeliana entre opuestos que solucionan un conflicto. De aquellos que han continuado esta tradición está —entre otros— Christopher Freeman (1992) y sus aportes a la teoría schumpeteriana, cuyos ecos llegan hasta la Kennedy School de la Universidad de Harvard.

La idea misma se encuentra en las raíces de la historia. Aunque no todos los científicos han sido innovadores, en sus descubrimientos se han apoyado algunos inventores cuya formación teórica no era tan clara. Watt mejoró la máquina de vapor desde una perspectiva más técnica que científica. Steve Jobs se apoyó en los desarrollos de la microarquitectura de procesadores con una mentalidad práctica y curiosamente estética. Así que las transferencias entre técnica y ciencia son un clásico en la narrativa de la invención.

En los orígenes del pensamiento científico los griegos hablaban de descubrir, y sus modernos sucesores de lo experimental. Para esta tradición, el conocimiento técnico era inferior al teórico. Pero la innovación es un proceso complejo como el mismo Schumpeter supuso. Algo así como la punta de un iceberg que se funda en relaciones transversales entre ciencia, técnica e incluso el azar. Descubrir su estructura es una tarea compleja por no decir titánica. Solo a finales del siglo XIX algunos filósofos intentaron descubrir la alquimia estructural de los desarrollos científicos. Allí están los filósofos neopositivistas del Círculo de Viena que hablaban de una linealidad del progreso, afirmación desestimada pronto por Karl R. Popper. El análisis posterior estuvo a cargo de autores como R.H. Hanson, Paul Feyerabend, Stephen Toulmin o el famoso Thomas Kuhn. Hay un asunto, quizás dejado de lado en todo ello, el de la intuición, que curiosamente recogerán mejor los economistas que los filósofos de la ciencia.

El mismo Freeman en un artículo de 1998 reconoce algunas manifestaciones de las ideas de Nietzche en Schumpeter citando a autores como Andersen o Svedberg y sus trabajos en la última década del siglo pasado. La asunción de riesgos por parte de los emprendedores que admiraba Schumpeter sugería la idea nietzchiana del superhombre, pero las raíces y conexiones pueden ser más reveladoras todavía. Al inicio de su vida la gran influencia del joven Nietzche fue la música, y especialmente Wagner. Detrás de su ruptura con la tradición moral y la búsqueda de las fronteras de lo humano también hay conexiones con la *creación destructiva* defendida por Schumpeter. Este caminar en las cornisas éticas con el contrapunto estético, ha sido una de las genialidades del pensamiento del filósofo sajón cuyos títulos son ya una declaración de intenciones reflexivas sobre las fuerzas que azotan la humanidad. Por lo tanto, si hablamos de innovación, entonces, habría que mencionar la búsqueda de la belleza (y no solo por Nietzche), sino porque en la historia del arte los ciclos de superación de la tradición desatan reflexiones sobre la necesidad del ser humano de indagar en nuevos caminos de expresión. Es curioso, sin embargo, que el schumpeterianismo realizará una historia del desarrollo científico y la transferencia entre tecnología y ciencia, pero olvidándose de los vínculos con la intuición estética.

Los centros I+D deberían anotar este elemento, quizás imitando épocas muy creativas de la historia tales como el Renacimiento o la Revolución Industrial. No hay una estrategia sobre asuntos de identidad estética aun cuando ella determina —en muchos casos— los productos actuales. Yo recomendaría tan solo la educación *en y sobre* historia del arte que luego aportará al proceso innovador. Esto lo supo bien Jobs, que asistió a un curso de caligrafía en Stanford. A pesar de ello hoy muchas universidades desgajan sus enseñanzas y vuelven compartimentos estancos lo que deberían ser piscinas comunicantes. Se dice que en el frontispicio de la Academia de Platón se leía: «no entrará aquí nadie que no sepa geometría». De seguro era una llamada al conocimiento riguroso de las proporciones, pero también al buen gusto.

La literatura como amenaza y antídoto

La *Revista de Occidente*[40] publicó con acierto la traducción de un artículo de Peter Galison titulado "El periodista, el científico y la objetividad". Allí se describe la facilidad para manipular las imágenes en el mundo de hoy. Esto ha impulsado que publicaciones como *Science* creen protocolos para evitar la presentación de ilustraciones manipuladas. La perversión de la información también alcanza el mundo del periodismo donde los falsos rumores se propagan con fuerza singular.

Es ingenuo pensar en que la Inteligencia Artificial nos salvará de estos males. Lo anota —entre otros— Tom Simonite en un artículo publicado en *Wired*[41]. Poder desmontar el trasvase de noticias infundadas es imposible solo para un algoritmo. Porque disolver el flujo de mentiras implica no solo detenerlas sino saber cómo reconocerlas. Simonite debate con los ideales del proyecto *Fake News Chalenge* que explora las posibilidades del aprendizaje automático, llamado en inglés *machine learning*, para enfrentar los bulos digitales.

La prevención ante la falsedad no es una novedad. La búsqueda de información veraz es una de las claves del desarrollo del periodismo moderno. Pero la velocidad expansiva de los bulos actuales no tiene parangón en la historia. Según un estudio de la Universidad de Budapest[42] mencionado en el *MIT Technology Review* los patrones de difusión de los videos virales se asemejan a los de las antiguas pandemias, la peste negra por ejemplo. Pero los lectores actuales, sobre todo aquellos que trabajan y dependen de la información ¿serán capaces de advertirlos?

La búsqueda de certezas se completa con la astucia para esquivar los toscos mitos o los tópicos. Uno de los bulos más antiguos, aquél que da origen a la literatura según Vladimir

Nabokov, es el de *Pedro y el lobo*. Diferenciar dónde empieza el engaño y dónde el cuento delimita el territorio de la literatura o la posverdad. La interconexión digital ha traído un nuevo tipo de textualidad que puede difuminar esa línea. Los nuevos pedros tienen intereses diversos; sus objetivos son pecuniarios o estratégicos o a veces el mero disfrute. Tampoco esto es inédito porque ya Platón en el libro III de la *República* acusaba a ciertos poetas de confundir a los niños e ingenuos con ficciones poco saludables.

Orson Welles advirtió estas dinámicas en aquella memorable retransmisión de *La guerra de los mundos*. El artificio literario, cuanto mayor calidad conlleve, más potente será. Afortunadamente la mayoría de los grandes escritores no quieren dañar a sus lectores. Su intención, a pesar de ser fantástica, recrea lo que existe en un espacio distinto. Allí experimentarán con la materia real para transformarla, mezclarla y jugar con sus posibilidades. En ese trasvase, el lector que no haya perdido la cordura como Alonso Quijano, sabrá distinguir las ficciones de los bulos.

En *La verdad de las mentiras* Mario Vargas Llosa dice que «Toda buena novela dice la verdad y toda mala novela miente». Según el escritor hispano peruano la diferencia entre la popperiana sociedad abierta y la sociedad cerrada es la clara distinción entre la ficción literaria y la verdad histórica. La capacidad crítica se construye gracias al contacto con los textos científicos y también los literarios. Las novelas —por ejemplo— ayudan a entender las estructuras de lo verosímil, aquellos entresijos de lo que ha pasado o puede pasar. Y gracias a ellas sabremos que la vida tiene complejidades difíciles de imaginar. Así completamos nuestra experiencia. Shana Lebowitz señalaba hace un par de años en un artículo en *Bussiness Insider*[43] cómo algunas novelas desarrollan habilidades entre los empresarios. En su lista aparecen textos recomendados por las escuelas de negocios como *Something Happened* de Dave Eggers o *A Hologram for the King* de Dave Eggers pero también se incluyen clásicos como el *Quijote*, *Moby Dick* o *El señor de las moscas*. Yo añadiría *La isla del tesoro* de Stevenson o *El jugador* de Dostoievski. Entre la tradición actual de la novela negra autores como Charles Cumming o Don Winslow pueden también sacarnos de la ingenuidad.

Es curioso que para sortear las mentiras haya que entrenarse en una lectura crítica, pero es más importante todavía acudir a publicaciones con filtros solventes. Iniciativas como *Wikitribune* intentan solucionar esto desde la perspectiva de la colaboración y el código abierto. Los bulos serán cada vez más sofisticados y verosímiles. Seguramente desafiarán a los algoritmos y los códigos que los enfrenten pero no podrán con una prensa sagaz y precavida. Lo comentaba David Remnick en una entrevista para *XLSemanal*. La tradición de *The New Yorker* ha protegido y potenciado un arma fundamental: la comprobación de las fuentes. Si no dedicamos recursos a ello las fuerzas contrarias tenderán a falsear la información. Más allá de los medios tradicionales muchas empresas e instituciones ya tienen áreas dedicadas a proporcionar información sólida a sus clientes. Porque acceder a contenidos de calidad es un seguro para cualquiera.

El Instituto Reuters y la Universidad de Oxford[44] presentaron hace algún tiempo un informe sobre el periodismo digital. El estudio confirma que las falsedades y los rumores tienen mayor influencia en la actualidad. Por eso la habilidad para detectar los engaños en la nube dependerá de nuestra capacidad prevención. Si la pedagogía asumió desde sus inicios el enfrentar las inseguridades de la calle, hoy suma el desafío de sortear los peligros en las redes sociales. Además de la literatura, la república financiera también habría de atender a los datos que provengan de la sociología, la psicología y la ética.

El fracaso de proyectos con un aparato estadístico formidable, pero escasa perspicacia para enfrentar otros riesgos será carta común si no estamos advertidos sobre historias como las de *Pedro y el lobo*.

Configuraciones

Configuraciones

Solemos configurar nuestro ordenador, nuestros teléfonos inteligentes, nuestras redes sociales e incluso nuestra televisión. La adecuación digital nos permite adaptar los dispositivos y programas a nuestras necesidades. ¿También podemos configurarnos?

Algunas palabras que han estado de moda nos confirman que el cambio personal es parte de la cultura psicológica del siglo XXI: reinventar, reingeniería, reciclaje o innovación son algunas de ellas. Pero hay algo en el concepto configuración que añade algo más, porque combina la idea de cambio con el de la estabilidad. Hay otros detalles, pero las configuraciones sobre nuestra propia vida son uno de los alardes metafóricos más potentes del tiempo en que vivimos.

Uno de los grandes aportes de la civilización tecnológica a nuestras vidas son los nuevos conceptos. Lo que Ortega y Dilthey definieron a inicios del siglo XX como *generaciones* ha digerido una nueva nomenclatura: *Millennials*, *generación X* o *Baby Boomers*. Lo más interesante es cómo los seres humanos hemos aplicado estos conceptos a nuestro lenguaje. Algunas frases comunes hoy pueden ser: "estar en modo avión, me reinicio para escucharte mejor, Rodrigo no tiene suficiente RAM para escucharte…". Esa capacidad para hacer comparaciones no solo enriquece nuestro vocabulario sino que nos permite simular que tenemos sistemas parecidos a las máquinas. Aunque los tecnófobos las reprueben estas analogías amplían nuestra capacidad de entendernos, nos permiten indagar en los límites de esas relaciones y también —por qué no— sentirnos conectados entre nosotros. Algunas relaciones nos dan perspectiva porque muestran precisiones con el deseo de diferenciarnos, de compartir nuestros intereses en una sociedad compleja y —como decíamos— de configurar nuestra humanidad.

La metáfora de la configuración proviene del lenguaje informático, específicamente de la programación de sistemas. El concepto se ha usado en la física, para aplicar la distribución molecular a productos de la industria farmacéutica. En áreas más prácticas, la teoría de la administración ha desarrollado un *Configuration Management* que se inició en el Departamento de Defensa de Estados Unidos en la década del cincuenta del siglo pasado y que dio a luz las admiradas normas 480. Su fama responde a que en un mundo de sistemas cada vez más complejos la intención de manejarlos, estandarizarlos y adaptarlos genera un sentimiento de tranquilidad importante para el futuro. En informática la idea de configuración se puede aplicar al hardware, al software y a la documentación. La configuración depende de una serie de procedimientos; la principal es la conectividad, o la capacidad de comunicación. Por ejemplo el *firmware* es un tipo de programación básico que maneja las relaciones entre los circuitos y los sistemas de programación. Para configurar es necesario poder conectar los distintos elementos. Ello implica sistematicidad, políticas y procedimientos. Un símbolo del poder de la configuración son las piezas de Lego: son los módulos por antonomasia en el mundo de los juegos. En *El mundo de Sofía* Jostein Gardner retrotraía sus posibilidades a una concepción mucho más antigua, la de Demócrito de Abdera que pensaba en los átomos ya en el siglo VIII a.C. La configuración se encuentra por doquier: en los conceptos modulares en diseño de interiores, en la industria automovilística, en el zapping, en el comercio electrónico o en el *Fintech.*

Y sobre la pregunta inicial (sobre si podemos configurarnos) es lo que hacemos día tras día. Detrás de la idea de configuración también late la idea de proyectarnos hacia lo desconocido, de ser flexibles, fuertes o de volver a empezar. Para no marearnos entre la multitud de puertas que se abren ante nosotros una lectura recomendable es *La paradoja de la elección: por qué más es menos* de Barry Schwartz. Porque el gran desafío de la configuración personal en el siglo XXI es saber elegir entre la abundancia.

La revolución sensorial es tecnológica

Cada vez más los móviles de última generación han descartado los auriculares con cables. Lo que parece una mera optimización tecnológica es la evolución de un sistema perceptivo ampliado y en ciernes: los teléfonos inteligentes tienden a convertirse en extensiones de nuestros sentidos.

Hace ya veinticuatro siglos Aristóteles intuía que el camino de la ciencia tomaría estos rumbos cuando escribió en su *Metafísica* «Todos los hombres tienen naturalmente el deseo de saber. El placer que nos causan las percepciones sensoriales son una prueba de esta verdad». Añadía el filósofo que el de la vista es el más querido en el conjunto de las demás percepciones: el oído, el olfato, el gusto y el tacto. La reflexión de Aristóteles se enmarcaba en las posibilidades naturales de comprender el mundo. La ampliación tecnológica durante el siglo XX se ha concentrado en el oído y la vista. Los medios más conocidos para dicha extensión han sido la radio, el teléfono, el cine y la televisión. Pero eso está cambiando con asombrosa velocidad. Mucho después de que Marshall McLuhan acertara con describir este cambio de paradigma en 1962 hemos ingresado a nuevas dimensiones de esta revolución.

La mejora de calidad en la imagen y sonido de los dispositivos móviles son un paso hacia otro nivel del cambio. A través de ellos percibimos el mundo exterior, táctilmente también, pues muchos incorporan navegadores o sensores de temperatura. Y lo interesante es que están llegando a un nivel precisión superior a lo que aparentemente podríamos ver u oír.

Porque ¿cuánto somos capaces de captar naturalmente? En el caso de la vista habría que poner de acuerdo a los investigadores. Una lista de estudiosos han intentado precisar la capacidad visual del ojo humano durante los últimos siglos: Konig (1897), Hetch (1931), Blacwell (1946) Pirenne (1967), Curcio (1990). Ha sido Roger Clarck, un fotógrafo y astrónomo del *Planetery Science Institute*, quien se ha preocupado por traducir la visión humana a medidas digitales. Dice Clarck (2005) que nuestros ojos son capaces de observar 530 pixeles por pulgada a una distancia de quince o veinte centímetros. A partir de allí —aparentemente— todo lo que estuviera por encima de dicha resolución superaría nuestras capacidades. Los más potentes móviles no están lejos de lograrlo y eso es un punto de quiebre importante.

Cuando hablamos de calidad del sonido un estándar es la del CD, cuya resolución es de 16 bits y una frecuencia de 44,1 kHz. Un nivel cercano al humano, como acordaron los ingenieros de Philips y Sony hace ya cuarenta y tantos años. Si hablamos de alta fidelidad necesitamos valores mayores: 24 bits y 96 kHz. Aún así hay matices difíciles de lograr pues el sonido también tiene dimensiones y amplitudes de acuerdo al espacio. Lo cierto es que por encima de esas características, habríamos llegado a reproducir sonidos al nivel que un oído promedio puede alcanzar.

Pero la vista y el oído no captan solo de forma unidimensional. El ojo, por ejemplo, es más que concisión porque nos permite identificar dimensiones, distancias e interpretar el entorno gracias al campo de visión y la conexión con los otros sentidos. Y conseguir que nuestros dispositivos asuman esas variantes es todavía un desafío.

Lo que Aristóteles podía conocer en el siglo III a.C. estaba circunscrito a los maravillosos horizontes del Mediterráneo y un poco más allá por los relatos escritos de los viajeros. Nunca se hubiera imaginado que gracias al robot Curiosity podemos ver imágenes de Marte, conocer la composición del aire y territorio marciano e incluso escuchar sus paisajes. No tan lejos, el proyecto Oculus ha apostado por la telepresencia. En un futuro no lejano nuestros dispositivos móviles también tendrán sensores que transmitirán movimientos, olores y texturas.

Todavía no podemos sentir el viento u oler el mar a través de la red, tampoco sentir el beso de alguien o saborear una fruta. Los videojuegos han avanzado con las experiencias de inercia sensorial. El guante Dexmo[45], por ejemplo, permite asir objetos virtuales simulando que son físicos. Esto es abrirnos a nuevas sensaciones y tal vez a nuevos sentidos. La tecnología nos ayudará a escuchar otras frecuencias, captar nuevos sabores o alcanzar a ver lo que solo los animales más especializados pueden observar. Todo ello es un horizonte emocionante e inexplorado. Potenciar nuestros sentidos también significa elevar nuestras posibilidades de conocimiento. Más aún cuando la interconexión de dichos sentidos nos permitirá saber lo que perciben millones de personas en torno nuestro. Esto sería fundamental para, por ejemplo, *sentir* el planeta. Aparecen allí también las fronteras del respeto a la privacidad. Lo cierto es que hemos de prepararnos para ello. Porque para ingresar en el mundo de una revolución sensorial compartida, entender sus posibilidades y límites necesitaríamos desarrollar más otra capacidad que Aristóteles barruntó como importante: actuar con responsabilidad moral.

Tipógrafos que dibujan en las nubes

En 1469 Nicolas Jenson esculpió en Venecia un nuevo molde de letras denominada Roman. La creación del impresor francés fue el modelo de la letra renacentista: de golpe modulado, eje oblicuo, remates abruptos y apertura amplia. Solo hacía un año que Johannes Gutenberg había muerto y los tipógrafos aunaban al arte de la caligrafía antigua un nuevo modelo artesanal que diseñaba las letras para luego imprimirlas. Empezaba así una expresión estética emparentada con la caligrafía y precursora de la edición moderna. A diferencia de los antiguos copistas, que ideaban la letra y luego la dibujaban en el papel, los impresores renacentistas se fijaban en el objeto intermediario: los tipos. Modelarlos para que las letras fueran claras y bellas sería su obsesión durante muchos siglos. La transición del mundo de los escribas al de los tipógrafos se actualiza en el siglo XXI con intuiciones como las de Steve Jobs y su interés por la caligrafía. Las conexiones con el mundo de la informática, el diseño y las comunicaciones nos susurran.

Aquella frase del prólogo en *The Gutenberg Galaxy* (1962) viene a cuento: «estamos hoy tan adentrados en la era eléctrica como los isabelinos ingleses lo estaban en la era tipográfica y mecánica» para añadir un tópico evidente: buceamos ya en la era digital. Podemos continuar relacionando ideas con las sugerencias de McLuhan: «Y estamos experimentando las mismas confusiones e indecisiones que ellos padecieron al vivir simultáneamente en dos formas contrapuestas de sociedad y experiencia». Varios de esos desórdenes son comunes a los nuestros: la ambigüedad de autoría medieval y la indeterminación de la Wikipedia. O la multitud de textos impresos en el siglo XVI (que no llegaban a los lectores por ausencia de canales de distribución adecuados) tan similares a los textos valiosos e ignorados por la nube. Pero estas comparaciones también auguran un futuro más estable. Si la biología tiene como conceptos fundamentales los de género y especie es porque Aristóteles hizo —en el siglo III a.C.— una tarea similar a la nuestra: ordenar, clasificar y definir. Además de una mente aristotélica hoy necesitamos también la inteligencia del copista que transcribía los dictados, y luego editaba los textos en sus propios pergaminos. La sistematización de la información como proceso de orden señala a una inteligencia particular: el criterio lector. Sobre las consideraciones acerca de las preferencias textuales habría que decir más, pero entre esos niveles clasificatorios, destaca la del editor, entendido como un lector experimentado capaz de elegir, corregir y fijar un texto para su propio consumo y compartirlo con otros lectores.

Siglos atrás la aspiración de todo ser humano, afanado por incluirse en un mundo civilizado, era —casi inconscientemente— aprender a leer. Son recurrentes las imágenes de los analfabetos, agrupados a coro alrededor del lector, escuchando su voz. Hoy la alfabetización es una realidad casi global. A pesar de las profecías apocalípticas sobre la llegada de la televisión y la radio hemos seguido leyendo. Y también a pesar de la invención de internet no dejamos de hacerlo. Nos movemos de la lectura hacia la escritura en un péndulo natural y cíclico, una especie de armonía en que cada movimiento desborda nuestras predicciones y nos introduce en nuevos mecanismos que enriquecen las acciones primeras. Leemos y escribimos de muchas maneras. Sin embargo, como los impresores posteriores a Gutenberg, en cada revolución nos encontramos con fórmulas que aprender y desarrollar.

Nuestros textos viajan por la red, son fijados en códigos binarios, publicados en gestores de correos, páginas web, blogs y almacenados en fichas del flujo de datos que se archivan indefinidamente. Saber si nuestro mensaje será recibido de manera adecuada (no solo escrito con corrección) sino dispuesto como queramos; enriquecido por un formato o letra específica, diseñado a nuestro gusto, nos presenta un panorama extraordinario. El movimiento pendular nos reclama como editores autónomos.

El mundo digital exige habilidades editoriales a todos aquellos que nos comunicamos mediante la red. El fenómeno del *homus tipográficus* le da la razón otra vez a McLuhan, y define al ser humano que ya no digita con teclas sino que traza líneas con su propio dedo. Las nuevas plumas son nuestros índices o pulgares acariciando las pantallas *Gorilla Glass* de nuestros dispositivos, o nuestras voces dictando a los mayordomos de los sistemas. Todo el mundo escribe, ya sea enviando correos, discurseando en las redes sociales o enviando mensajes móviles. Como de si un programa renacentista se tratara, los caminos por los que nos llevan los desarrollos tecnológicos de las últimas décadas nos dirigen hacia los procesadores de textos, el manejo de los emoticonos y los emojis, los códigos unicodode, los formatos multimedia y —otra vez— a las fuentes tipográficas.

Como diría José de Acosta en el siglo XVI vivimos ahora en las regiones del aire. Por allí pasan los impulsos electrónicos de la ciberesfera. Si Nicolás Jenson pensaba en las virutas del hierro cuando paseaba por las calles venecianas, nosotros diseñamos sobre mínimos pixeles que luego se imprimirán en las pantallas retina. Seguro que algún joven lo hace hoy en un café de la Plaza de San Marcos. Ya somos —sin habernos dado cuenta— editores. Ese es, quizás, el programa pedagógico, académico y estético más importante del futuro.

Los nuevos marcos de la edición electrónica

Siempre hemos leído o tendido a leer en rectángulos. Ellos han sido el tipo de marco predominante para la lectura a lo largo de la historia. Eran rectangulares la mayoría de los papiros y pergaminos de la antigüedad. También muchos de los muros donde se inscribieron los jeroglíficos o las primeras fijaciones de conceptos. Incluso las paredes rupestres podían tener similitudes con ellos, pues algunas son enormes paralelogramos alargados y deformes. Pero sobre todo las hojas de los libros son rectangulares, y sus formas geométricas han marcado y enmarcado los caracteres sobre los que nos hemos abstraído y donde hemos fijado nuestro pensamiento. En abril de 1921, ya Ortega reflexionaba sobre la importancia del marco en la pintura (*Meditación sobre el marco*), y quizás estas líneas no sean más que una extensión del mismo.

Por alguna misteriosa razón los televisores, que fueron cuadrados en sus inicios, y tendientes momentáneamente a lo circular, han terminado siendo también rectángulos. Y ahora, también podemos leer en ellos, pero sobre todo leemos en las nuevas tabletas, los teléfonos móviles y en las pantallas de las computadoras. En todos estos dispositivos, casi sin excepción el marco tiene esta proporción; y la disposición pareciera ser hacia el rectángulo áureo. ¿Por qué este tipo de figura? ¿Son solo razones prácticas las que animan sus dimensiones? Quizás la causa es más estética que práctica, como sugiere el matemático Marcus du Sautoy en *Simetría. Un viaje por los patrones de la naturaleza.*

La explicación, o una de ellas, es que la imagen ha tendido hacia el rectángulo gracias a aquellos formatos sobre los que mejor nos hemos concentrado. El cine marcó la pauta inicial pues las pantallas eran rectangulares, y luego la televisión ha copiado su forma. Y por otro lado —dando un giro de noventa grados a la pantalla cinematográfica— el folio sigue mandando en la tradición lectora, lo cual ha potenciado el rectángulo en posición vertical.

Hemos pasado de un marco a otro en las últimas décadas. Leíamos y veíamos cine o televisión en lugares específicos hasta que llegaron las tabletas y los móviles. Ahora, a mi manera de ver, todo se va haciendo más natural, aunque lo más natural para el acto de la lectura, haya sido el libro desde mediados y finales del siglo XX, y lo seguirá siendo en muchos casos. El momento clave fue la aplicación del giroscopio en las pantallas de algunos dispositivos. Lo que suponía un cambio físico de plataforma visual durante el siglo XX está pasando a ser una acción inmediata. Cuando el espectador deja de ver cualquier video en su teléfono móvil y gira el mismo para leer una novela, una revista o el periódico, estamos ante un cambio crucial en la historia de la lectura.

Y aquí vienen algunas de las preguntas acerca de la edición del futuro. Creo que un error común es pensar que hay una mera congruencia entre la edición física y la electrónica. A partir de ello hacemos una incorrecta analogía con el libro físico y sus posibilidades. Los grandes temas de la edición electrónica han sido hasta ahora los formatos de publicación, los derechos de autor y la comercialización de los libros electrónicos. Son todos ellos asuntos para seguir dialogando. Pero pienso que la edición electrónica nos lleva a otros mundos desconocidos en la misma *Galaxia Gutenberg*. Aunque al final todo se reduzca a lo mismo; al acto mismo de leer, como recuerda Robert Bringhurst en *What is Reading For?*, nuestras capacidades deben atender también a otros asuntos que tal vez no parecieran ser de nuestra incumbencia. Hoy las editoriales no solo deberían estar preocupadas por la programación web, los añadidos a los contratos tradicionales o los tipos de archivos que soporten los libros de siempre. También deberían centrar sus análisis en la composición y funcionamiento de los nuevos rectángulos en los que leemos. Esto significa que un factor crucial para la edición del futuro es conocer la estructura, nitidez y potencia de las pantallas que usamos y de los procesadores que las manejan. Quizás los marcos dependan del mensaje más de lo que suponemos y entonces las editoriales también deberían idear sus propios marcos, pero para ello se necesita un tipo de conocimiento que los editores no poseen aún. En otras palabras, algunos de los nuevos editores del presente son, sin saberlo, los fabricantes de teléfonos móviles, tabletas y ordenadores.

Las llamadas *soft skills* y la transformación digital

En torno a los años sesenta del siglo pasado el ejército norteamericano utilizó la denominación *soft skills* para referirse a aquellas habilidades diferentes a las que implicaban el trabajo con máquinas[46]. Los instructores militares se percataron de las necesidad de otras aptitudes para el desarrollo profesional de sus técnicos e ingenieros.

Una década después el mundo laboral empezó a reflexionar sobre las llamadas *soft skills*. El psicólogo británico Nicholas Humphrey señaló en 1976 un tipo de habilidades sociales que estaban más allá de la inteligencia cuantificable[47]. Todo esto tiene que ver los desarrollos sobre las inteligencias múltiples[48] y la educación afectiva. Otros autores como Drucker o Mintzberg también se refirieron a nuevas habilidades en la administración empresarial[49]. Quizás estas corrientes fueran una reacción frente a la excesiva tecnificación profesional a partir de la segunda revolución industrial.

En español la traducción "habilidades blandas" no es la más adecuada. El vocablo inglés aúna otras características en oposición a las "habilidades sólidas" o técnicas. Tal vez una mejor interpretación en ese marco conceptual sería la de dúctiles o flexibles. Curiosamente uno de los problemas de este tipo de destrezas es su difícil categorización.

Ya la enumeración de las mismas es compleja. Algunos rankings dependen de las necesidades del mercado[50]. Otros son fruto del sentido común. *Soft skills* que suelen repetirse en las listas son liderazgo, flexibilidad, comunicación, responsabilidad, cortesía o moralidad. No son medibles a la manera de las aptitudes relativas a los procesos y para entenderlas habría que mirar a la historia.

Cuenta Platón en su *Apología* que Sócrates fue condenado porque perturbaba a los jóvenes con preguntas éticas. Algunas de ellas estaban dirigidas hacia el significado del bien. Para algunos atenienses esto era un peligro. Las habilidades técnicas se resentirían si los ciudadanos se dedicaban a pensar sobre cuestiones tan abstractas. Lo importante era la supervivencia de la *polis*. Por eso pensaban que las propuestas de Sócrates eran imprudentes: apuntaban a aptitudes interiores, reflexivas. No eran urgentes ni fundamentales.

Luego la ética desarrollará una teoría sobre las virtudes que desembocará en la moral occidental. A lo largo de la historia se propondrán corrientes distintas y niveles de capacidades morales. En los albores de la modernidad Kant propondrá un tipo de valores acordes con la racionalidad universal. Lo interesante es que la reflexión sobre las *soft skills* surgen desde otro ámbito: el de la gestión funcional.

Estas habilidades tiene relaciones con la tradición ética y siguen adecuándose al mundo actual. Muchas se gestan en la familia o con los amigos porque son parte de la vida social. Desde la psicología organizacional autores como Adam Grant hablan también de la creatividad o de las paradojas de la generosidad[51].

Para poder gestionar proyectos en la sociedad digital son necesarias estas y otras cualidades. La paradoja implícita en su mención es que los profesionales que no las tengan pueden ser poco competitivos. Curiosamente —y aquí tenemos una clave— para el desarrollo de las *soft skills* se necesita no pensar de forma tan pragmática.

Participamos de las redes sociales porque nos gusta ser comunicativos y no solo para generar una red de contactos. Opinamos sobre los productos que compramos porque es importante aconsejarnos y no necesariamente por las recompensas. Gestionamos nuestro tiempo no solo en aras de la eficiencia, sino porque así disfrutamos más de nuestros ratos libres. De alguna manera las *soft skills* apuntan a un bien distinto de la funcionalidad y curiosamente pueden potenciarla.

Otra clave es que las habilidades flexibles se adquieren practicándolas. Internet es un excelente campo de experimentación de nuevas aptitudes: el buen gusto, la tolerancia, la solidaridad, la privacidad, todas ellas se pueden ejercer en las redes sociales. Otras son desafíos que debemos pensar y desarrollar y también esto es otra habilidad: la capacidad crítica.

En un mundo digital las *soft skill* han de ser cada vez más humanas. Nos diferencian de la inteligencia artificial (IA) y es lo que nos permite desarrollarla con criterio. Son las que nos permiten dirigir u organizar con perspectiva ética procesos como el *blockchain*. Quizás algunas de estas habilidades estén bien diseñadas en las redes colaborativas y son patrimonio de los *millennials*. La capacidad de síntesis, el minimalismo, la conectividad libre, la gestión de las reuniones, el nomadismo laboral y la autonomía ofimática. Todas ellas apuntan también a la capacidad de emprender nuevos negocios y aprender constantemente.

La intuición de los militares norteamericanos también evidencia las ausencias formativas del colegio y la universidad. La educación superior, en ciertos casos, ofrece algunas pinceladas sobre estos valores pero sin ahondar en ellos. Por ejemplo se habla de liderazgo sin realizar una reflexión social de su significado. O se proponen cursos de lectura crítica sin entender el origen del pensamiento analítico. Algunas escuelas proponen modelos tan competitivos que se olvidan del valor de la responsabilidad social. Y muy pocas veces se plantean escalas de valores o reflexiones sobre el futuro digital.

Ciertamente las *soft skills* no son los imperativos de los que hablaba Kant en su *Crítica del juicio* pero vale la pena conocer sus coincidencias. Son valores diferentes y necesarios para el desarrollo social y empresarial[52]. El McKinsey Global Institute dice que para el 2030 los robots podrían reemplazar 800 millones de puestos de trabajo [53]. Las habilidades flexibles son las que nos permitirán gestionar este cambio.

No basta con haber leído la *Ética a Nicómaco* u *Oliver Twist* para ser solidarios. O leer textos de Henry Jenkins [54] para desarrollar la capacidad participativa. Tampoco asistir a varias clases sobre cómo ser un líder para serlo. Es todo ello sumado a un ejercicio digital de estas habilidades lo que nos permitirá construirlas. En ello quizás la gran escuela sean nuestra familia y amigos.

Las noticias falsas y la calidad del contenido

Dicen que el mercado no soporta la indefinición. Y esta es consecuencia —entre otras— de la ausencia de certezas. Los rumores son una ramificación natural de lo indefinido. Ese es el territorio propicio para los bulos.

¿Cómo podemos protegernos frente a los falsos rumores? El antídoto contra ellos es una nueva capacidad crítica y emocional. La educación tradicional no está preparada para enfrentarlos. Un estudio reciente señala que la mayoría de los bulos circulan hoy por las redes sociales, se acelera su propagación por el efecto de *verdad ilusoria* y suelen ser confusos [55]. La lectura comparativa y atenta es útil. Y si somos precavidos y tenemos una red de lectura digital estaremos más apertrechados. Un lectura de estas características es una exigencia para los partícipes del mundo empresarial, político o periodístico pero también para todo aquél que no quiera ser engañado en la red.

Jason Zweig, en su edición del clásico de Benjamín Graham *El inversor inteligente*, dice algo sobre el análisis empresarial en base a suposiciones: «Es como determinar los precios de las casas basándose en el rumor de que Cenicienta va a construir su próximo castillo a la vuelta de la esquina.» Y lo que antes era un gran riesgo hoy se complica más debido a la inflación de contenidos a cribar.

Los rumores siempre han existido. Son una forma natural de comunicación social. Se han solido transmitir de forma oral y suelen mezclar lo cierto, lo falso y lo posible. Son peligrosos porque pueden confundir. De una u otra manera la civilización ha intentado progresar a pesar de ellos. El intento de superar aquellas invenciones creadas por el pueblo de al lado: "nuestros dioses son más poderosos que los vuestros" atraviesa la prehistoria, la historia y llega al tiempo actual. Todos aquellos que intentan avanzar hacia a alguna parte —y con ello también me refiero a sus proyectos— necesitan evitar los peligros de la confusión.

Algunas recomendaciones prácticas para evitar las noticias falsas las da una página asociada al proyecto Fact-Checking Network[56]: malditobulo[57]. Además de ello es importante tener en mente varios presupuestos que quizás nos ayuden a la lectura informativa en internet.

Aunque haya una aspiración competitiva por ser el primero en dar a conocer una noticia es más importante informar con acierto, lo que no significa tarde. Distinguir entre información de calidad y desinformación significa reconocer aquellos medios de los que no lo son y entender los procesos de investigación científica y periodística.

Otra asunto relevante es la precaución al hablar del otro, o al lanzar información no confirmada que pueda alterar la fama de instituciones o personas. Los nuevos hábitos digitales, que pueden incluir la cortesía, son también un plan de ruta que subraya ciertos valores sobre la convivencia humana en un mundo comunicativo pero no necesariamente informado. Y por fin estaría, claro que sí, la capacidad analítica.

Gian Volpicelli ha publicado en Wired un artículo que podría traducirse como *Pelear contra los bulos*[58]. En él da a conocer —entre otras cosas— a Full Fact[59] una organización que revisa las certeza de las declaraciones de políticos y medios de comunicación británicos. Full Fact se centra en verificar los hechos sobre economía, salud, crimen, educación, inmigración y ley. Proyectos como este serán cada vez más necesarios. Porque hoy la desinformación puede cambiar los resultados electorales de un país, producir conflictos internacionales, alterar la bolsa y confundir al paciente con una enfermedad grave.

La importancia de un pensamiento crítico se traduce hoy en la necesidad de la verificación. Este es uno de los grandes desafíos para el lector digital. Muchos medios de comunicación excelentes tienen un departamento de verificación. Uno de los más conocidos está en el semanario *The New Yorker*. Un aviso de reclutamiento laboral reciente en sus páginas podría ser un programa de formación para todo lector crítico: mantenerse al tanto de las circunstancias internacionales en política, ciencia y cultura; capacidad de análisis textual en búsqueda de errores; saber detectar fallos lógicos; omisiones importantes y saber examinar las fuentes. Entre las capacidades del candidato también se señala a la ética, la precisión y la tenacidad. Sobre el origen de los verificadores escriben en *Jot Down* Bárbara Ayuso y Borja Bauzá[60].

La diferencia entre el procesamiento informativo del siglo XX y el XXI pasa por la cantidad de información presente en la red, pero también por la trasformación de sus canales. Una causa es la digitalización del texto. Otra es la aparición de las redes sociales. Son estructuras de comunicación muy potentes pero expuestas al fenómeno de la desinformación, la manipulación y el oportunismo. Lo que no ha cambiado y no cambiará es que hay contenido de calidad, medios solventes y canales efectivos.

Por eso una de las claves para enfrentar la desinformación es tener experiencia de certezas. Saber cuáles son los mejores medios de comunicación y los mejores comunicadores. Esto, añadido al haber leído literatura de calidad genera un talento especial para divisar al intruso, el farsante y sus argumentos falaces. Claro que esto supone esfuerzo.

Octavio Paz lo anticipó bien en su ensayo *La nueva analogía: poesía y tecnología*. Decía «la tierra y el cielo que la filosofía había despoblado de dioses se cubren con las formidables representaciones de la técnica. Sólo que esas obras no representan nada y, en rigor, nada dicen». Efectivamente, porque para decir algo cierto hay que construir también su contenido.

El riesgo de pixelar el contenido

Cuando Johannes Gutenberg inventó la imprenta en 1440 no podía editar todo que quería. La oferta textual era limitada, la censura le prohibiría la edición de ciertos escritos, los autores eran pocos y la demanda de lectura era baja. En el siglo XXI la situación es muy distinta. Vale la pena explorar estas diferencias recordando el proceso que Marshall McLuhan denominó la galaxia Gutenberg[61].

Hoy la edición digital está sometida al vértigo de las múltiples posibilidades que la tecnología ofrece. Nos encontramos con nuevos libros, nuevos lectores, pero sobre todo con nuevos editores. En el ámbito de la literatura, por ejemplo, Daniel Escandell intenta describir estos fenómenos en *Escrituras para el siglo XXI. Literatura y blogósfera*[62]. Pero la autoedición no está restringida al mundo del libro; se inicia en las redes sociales donde muchos usuarios se han convertidos en gestores de sus propios escritos. Escribimos historias y contamos nuestras peripecias y pensamientos. Diseñamos nuestros perfiles con noticias políticas, deportivas o del espectáculo. Algunos incluso se atreven con sus propias páginas de opinión. Esto suscita enormes posibilidades de divulgación y también interferencias. El ordenamiento sobre los nuevos géneros es paulatino y no hay una total claridad porque la textualidad es de tal cantidad que es difícil clasificarla.

Hay editores sugerentes como David Remnick que aúnan la tradición finisecular y digital[63]. Sin embargo son pocos los casos de síntesis en la convergencia del mundo físico y el digital. La razón probable es que hay una convergencia estructural que todavía no se ha producido. La alineación de las galaxias —la digital y la de Gutenberg— se ha realizado de alguna manera en la forma pero no en el contenido.

A finales del siglo XX los libros habían llegado a una definición nunca antes lograda: los avances de la imprenta sumada a la calidad del papel y la tradición de la encuadernación ofrecían textos excelentes y baratos. La edición digital del momento, con impresoras matriciales y procesadores de 8 bits procuraba imágenes muy rudimentarias. El formato que ofrecían las tarjetas gráficas era de 9x14 pixeles. Un carácter impreso en las rotativas de 1990 era mucho más preciso que las impresiones computarizadas y las letras pixeladas que aparecían en las pantallas monocromáticas de fósforo. Hoy esta distancia se ha traslapado. El detalle de las resoluciones 4K es similar a aquellas páginas impresas de finales del siglo XX. Ello sugiere —entre otras reflexiones— preguntas sobre la lectura. ¿Es la cultura del libro trasladable a la cultura del texto electrónico?, ¿es igual nuestra capacidad de atención en un dispositivo electrónico que en los medios tradicionales? Y sobre todo ¿son tan solventes los contenidos del texto digital que los de la llamada galaxia Gutenberg? Un autor que a finales del siglo XX adelantó que la calidad de contenido y edición eran adyacentes fue Robert Bringhurst en *The Elements of Typographic Style*[64]. En esa época el lector avisado tenía al alcance un conjunto de medios para alcanzar información excelente.

En las décadas posteriores la profusión del contenido ha devenido en un terremoto para los espacios que contenían el conocimiento. Sea en el ámbito científico, las enciclopedias por ejemplo, o en el de la información donde se encuentran los medios tradicionales. Algunas generaciones cultas del siglo pasado se podrían sentir hoy muy desorientadas. De entre todos los ámbitos editoriales quizás el periodístico sea uno de los más convulsionados. En búsqueda de una fórmula que conjugue información veraz, capacidad crítica y negocio muchos han sucumbido. Hay experiencias célebres como las de *The New York Times*. Pero hemos asistido a experimentos y fórmulas que no terminan de resolver problemas como las tensiones con gigantes de la red como Google y Facebook, la falta de suscriptores, la presión publicitaria y los bulos. La deficiente comprobación de las fuentes, la manipulación del lector y la superficialidad son peligros reales. La *pixelación* del texto se cierne hoy sobre el contenido. De esto se han percatado algunas empresas que ofrecen información especializada a sus clientes. Este año *The Economist* señalaba que la información solvente es el nuevo recurso del futuro[65]. No solo porque el adagio clásico pide distinguir entre opinión y conocimiento, sino porque los ciudadanos necesitan datos confiables, textos cuidados y precisos en una cultura de múltiples posibilidades.

Se habla mucho de la importancia de la digitalización en los procesos de transformación empresarial. Esta característica se ha incluido en la definición de la llamada cuarta revolución industrial. Es evidente que podemos comunicar y dinamizar informáticamente los contenidos. Pero no sin atender a su calidad. Empresas e instituciones evolucionarán, desaparecerán o se transformarán a partir de esa capacidad de atención. Habrán nuevas profesiones que enfrenten estos cambios y la clave es saber qué acciones las definen. Otra vez nos encontramos ante la importancia de las descripciones, de los análisis; es decir los contenidos. Lo cierto es que cada vez más lectores reclaman información de calidad incluso más allá de la estadística. Será porque un conocimiento cuidado permite claridades sobre un futuro posible.

Las series de televisión y sus predicciones sobre el futuro

La innovación está íntimamente relacionada con el futuro y las variaciones sobre él. Por eso suscitar la creatividad es también aportar ideas sobre lo posible y venidero. Quizás esta sea la clave del auténtico realismo.

Julio Verne predijo mucho de los adelantos actuales como la exploración espacial o los viajes submarinos. Su capacidad visionaria ha sido expuesta en numerosos textos de difusión[66] y como inspiración científica. Se puede entender la literatura como un laboratorio de ideas, donde se puede experimentar con diversos ingredientes e incluso debatir sobre los mismos.

También podemos pensar en el futuro a partir de las series televisivas. La calidad y diversidad de las producciones actuales permiten realizar una cartografía sobre predicciones, intereses y los problemas éticos que presentan.

Muchas series exploran las relaciones entre la tecnología y la vida diaria actual. *StartUp*[67] aborda el mundo del cibercrimen, *Mr. Robot*[68] la idea de justicia cibernética, *CSI*[69] las posibilidades de una ciencia forense digital o *Silicon Valley*[70] la importancia y riesgos de descubrir un algoritmo muy potente.

La ciencia ficción es un género literario peculiar, porque su verosimilitud permite explorar el mañana. Scifutures[71] —por ejemplo— es una empresa que ayuda a acelerar la innovación con la ayuda de escritores de ciencia ficción. Su fundador Ari Popper usa la narrativa para asistir a grandes corporaciones para planificar el impacto que sus proyectos podrían tener en la sociedad[72].

Un futuro lleno de posibilidades gracias a la tecnología se ha planteado ya en series clásicas como *Star Trek*[73]. La exploración espacial, las comunicaciones interestelares, los avances médicos, el uso de robots y procesadores se encuentran en sus guiones. Aún cuando una civilización de robots nos amenace, la tecnología de naves como la *Battlestar Galactica*[74] son las que permitiría a la humanidad su supervivencia.

Basado en un guion de Michael Chrichton encontramos en *Westworld*[75], un parque temático donde los anfitriones son androides. La pregunta sobre sus derechos y deberes es una disquisición acerca de la humanidad de la Inteligencia Artificial.

El uso cotidiano de la tecnología se presenta en *Black Mirror*[76] donde hay numerosas disyuntivas en torno a la tecnología y sus usos. Sus episodios son independientes y cada uno cuenta una historia inquietante que tiene que ver con las fronteras éticas de un mundo hiperconectado y digital. En *The Passage*[77] una niña es la protagonista de un experimento que podría curar todas las enfermedades conocidas.

La posibilidad de una sociedad distópica también es explorada por la serie canadiense *Orphan Black*[78] en donde se proponen las posibles vidas de una serie de mujeres clonadas y los oscuros intereses detrás de ello. La serie danesa *The rain*[79] también presenta una sociedad postapocalíptica aniquilada por un virus en donde solo un grupo de jóvenes ha podido sobrevivir. Otras series en ese registro son *The 100*[80] o *The Walking Dead*[81].

El ¿qué hubiera pasado si…? es indagado en series como *The Man in the High Castle*[82], una adaptación extendida de la novela de Philip K. Dick que cuenta la historia de un mundo a partir del triunfo del nazismo en la Segunda Guerra Mundial. Otra vuelta de terca son las distopías como *The Handmaid's Tale*, donde una sociedad feudal posterior a una debacle vírica sojuzga a las mujeres y establece una jerarquía inhumana y esclavista.

También están las producciones cuyos guiones exploran los fenómenos en las fronteras de la ciencia. Un clásico al respecto fue la serie *The Twilight Zone*[83] creada por Rod Serling en 1959. O *Fringe*[84] en donde una división federal norteamericana investiga sobre universos paralelos, materia oscura, teletransportación, preconocimiento, nanotecnología, inteligencia artificial, telekinesis o animación suspendida. O *Sense8*[85] que experimenta narrativamente sobre las conectividad mental entre seres humanos. En *Touch*[86] un niño es capaz de predecir el futuro e interpretar la realidad gracias a patrones matemáticos.

Siguiendo esa estela está *Altered carbon*, una serie que se desarrolla a finales del siglo XXIII, una época en que la esencia del ser humano puede pervivir más allá de la corporeidad y las conciencias y recuerdos pueden reinsertarse en otros cuerpos. En este caso el protagonista, reimplantado doscientos cincuenta años después, tiene una misión para investigar un posible asesinato.

Desde la primera etapa de *Doctor Who*[87] la posibilidad de viajar en el tiempo se ha tratado en muchas producciones televisivas. Algunas de ellas juegan con la posibilidad de "cambiar la historia" como la serie española *El ministerio del tiempo*[88], donde sus protagonistas impiden que alguien pueda alterar los sucesos históricos. En *Doce monos*[89] James Cole viaja para evitar la creación de una enfermedad en el presente. O la serie *11.22.63*[90] —inspirada en una novela de Stephen King— en donde un profesor intenta evitar la muerte de John F. Kennedy.

Aunque los viajes en el tiempo estén más cerca de lo fantástico, son también un terreno interesante para contraponer ideas y perspectivas de diversas épocas. Esto es un ensayo muy sugerente para comprender los tipos de tecnologías o las diferencias en la organización social y económica en cada etapa de la historia. Al final todo esto pone de relieve, de una u otra manera, lo complejo de las relaciones entre el ser humano y la tecnología futura.

Socializaciones

Pensar en las ciudades desde lo interdisciplinar

Desde hace unas décadas la inflación conceptual sobre el análisis urbano es llamativa: ciudad inteligente, ciudad digital, urbes de la información o villas interconectadas. Junto con estas definiciones nuevas herramientas como el internet de las cosas o el Big Data van transformando un diálogo que se inició hace varios miles de años en la antigua China y los valles mesopotámicos. Y es que el debate sobre el futuro de las ciudades no es nuevo y en él se insertan varias de las preocupaciones más antiguas de la humanidad. Hoy la diferencia —como veremos— no es solo la novedad de los conceptos sino las posibilidades que se abren a partir de ellos.

La aceleración tecnológica tiene una inercia evidente. Nos permite estar interconectados, acceder a información valiosa, generar ideas de manera conjunta o procesar los datos a velocidades asombrosas. Sin embargo esa energía necesita un nuevo sentido común. Muchos urbanistas perciben que detrás de esa potencia transformadora hay ciertos elementos que se les escapan. Para aprovecharlos quizás no basten los caminos tradicionales.

Uno de los padres del urbanismo ya vinculó asuntos aparentemente distantes. Hipodamo de Mileto —arquitecto griego del siglo IV a.C.— ideó el puerto de Atenas y luego prestó su nombre a aquella cuadrícula inicial de muchas ciudades: el damero o matriz hipodámica. Detrás de la misma se esconde también la veneración presocrática por el número y el equilibrio. Por eso, además de la funcionalidad, según Hipodamo la trama urbana había de incluir la armonía. La matemática ya tendía una mano a la estética.

Pero lo que Joichi Ito señalaba a mediados del 2016 en el Journal of Design and Science[91] es un nuevo paradigma. Dice Ito que lo *antidisciplinario* supera a la tradicional interdisciplinariedad. En una cultura de transformación acelerada existen nuevas ciencias que necesitan ser incrementadas pero hay otras que merecen ser descubiertas. Son nuevos objetos de estudio cuyos métodos de análisis han de construirse; pues de vez en cuando nos enfrentamos a *elefantes que no lo son* como decía Stanislaw Ulam. Muchas de esas exploraciones antidisciplinares implican riesgos cuya asunción son un desafío para las instituciones y los gobiernos.

El proyecto Urban Discovery[92], por ejemplo, es una herramienta que conjuga la exploración de datos en las ciudades con la información de las actividades de los ciudadanos. Una nueva mirada a un tipo de mapeo desconocido hasta ahora y que sin la ayuda del Big Data o la mentalidad colaborativa sería imposible. Algo más añade a este proyecto antidisciplinario: sus resultados son abiertos, pueden ser consultados por todo el mundo y enriquecidos con los comentarios de los usuarios.

Aquella idea sobre la conexión de tecnología y diseño es una clave sugerente que se repite en proyectos a lo largo del mundo. Las fronteras entre las disciplinas intelectuales pueden ser artificiales o aparentes. Ito crítica, por ejemplo, la dinámica de la revisión por pares, que genera un mayor conocimiento sobre áreas restringidas. Esta híper-especialización dificulta enormemente la comunicación entre los investigadores. Quizás por ello desde algunas universidades intentan proponer publicaciones académicas alternativas como señalaba Elizabeth Stinson en *Wired*[93]. Con cierta conciencia de ello hace algún tiempo organizamos un seminario para intentar explorar cómo la literatura de viajes puede aportar elementos para el diseño de futuras ciudades. Convocamos a arquitectos, filólogos e ingenieros. Encontramos sugerencias para el turista del futuro, y recuperamos algunas crónicas que permiten evitar los errores del pasado y comprender que las ciudades se pueden pensar desde un género literario novedoso[94].

Uno de los City Science Summit del MIT celebrado hace un tiempo en Andorra[95] fue una muestra de ese espíritu. Bajo ese formato flexible y comunicativo se usaron presentaciones Pecha Kucha, palabra que en japonés significa conversación y cuyo formato proviene de la arquitectura. Como la robótica kinésica, la facilitación digital sobre la inserción de los refugiados, el planeamiento urbano dinámico, la sensorialización digital de las escuelas y los vehículos persuasivos autónomos. Este es también un intento de pensar en las ciudades de otra manera.

Estamos pagando la falta de previsión sobre los impactos de la preponderancia del motor a combustión. Pero ahora —gracias a otros datos— sabemos que podemos anticipar mejor las repercusiones sobre el ambiente y las estructuras urbanas que generarán las nuevas invenciones. Pero una planificación responsable solo es posible con un conocimiento antidisciplinar. A la par de la conciencia sobre el calentamiento global también necesitamos saber cómo vivir de manera más eficiente. Y para ello necesitamos a la biopsicología, a la escultura genética y la nanotecnología. El concepto de *responsabilidad* ética amplía su patrimonio gracias a los datos científicos obtenidos los últimos años.

Olvidarnos de la cultura es un peligro si nuestra capacidad de prevención y gestión es tan potente. Cuando hablamos de arte en el sentido amplio no solo nos referimos a las obras estéticas que produce el ser humano. El concepto de convivencia respetuosa, reglada por los derechos y las leyes es una dimensión cultural. Así fue al inicio, cuando los primeros filósofos empezaron a plantearse dudas sobre el mundo. No olvidemos que la atención al débil —por ejemplo— es una noción que se encuentra detrás de la mayoría de códigos normativos de tráfico y de muchas obras literarias clásicas. La cultura nos permite, entre otras cosas, saber cómo eran nuestras ciudades en el pasado. Incluso en un ayer en que los inviernos o veranos eran distintos.

Para pensar de otra manera quizás sea momento de visitar exposiciones como aquella inspirada en *Las ciudades invisibles* de Italo Calvino en el Museo Thyssen-Bornemisza[96]. Allí se puede ver —entre otras obras— aquél *Efecto de lluvia en la Rue Saint-Honoré por la tarde* de Camille Pisarro.

El viaje en tiempos digitales

Desde antiguo los viajeros han conservado un tipo de sabiduría que otros seres humanos desconocen. Quizás ello ha tenido relación con los paisajes místicos y las búsquedas interiores. Así lo indican textos orientales como el *Chuant-tse* donde se cuentan las travesías de Yao para llegar a las islas de los Inmortales. Para la tradición judeo-cristiana las peregrinaciones también son etapas de una progresión espiritual. Por ejemplo aquellas del pueblo elegido por el desierto o la de los reyes magos, acordes con estas fechas. Aunque es cierto que otros viajes de la antigüedad eran más prácticos o estratégicos: los soldados estaban obligados a recorrer leguas y kilómetros para conquistar o defender sus civilizaciones. Algunos mercaderes fueron viajeros por la necesidad del intercambio comercial y la capacidad de inventiva alrededor del mismo. La talasocracia fenicia fue la gestión del mediterráneo gracias a este espíritu, y ellos no fueron los únicos que se arriesgaron a cruzar grandes extensiones. Algunos relataron sus crónicas, como lo hiciera mucho después el famoso Marco Polo, dejando descripciones de sus maravillosas travesías.

Esta herencia pasa luego hacia la literatura de ficción donde encontramos grandes viajeros como Ulises, Eneas o Dante. Varios de estos periplos son progresiones iniciáticas. Dicha tradición se ha mantenido en la literatura universal en obras como *La isla del tesoro* de Stevenson, *Los viajes de Gulliver* de Swift o el *Wasōbyōe* de Yukokushi. En esos libros el viaje se metaforiza y se vuelve un símbolo del conocimiento del mundo, de los otros y lo desconocido. Este ansia de conocer nuevos lugares vuelve a influenciar la literatura a finales del siglo XIX y potencia la ciencia ficción, uno de cuyos fundadores fantaseó sobre viajes alrededor de la luna, al centro de la tierra o en submarinos. El mundo se hizo pequeño para los lectores del siglo pasado que buscaron nuevos planetas y galaxias lejanas. Incluso algunos como H.G Wells propusieron la idea de viajar en el tiempo.

Volviendo a la realidad ¿en qué ha cambiado el viaje de un tiempo a esta parte? En pleno siglo XXI el viaje es una experiencia al alcance de más de la mitad de la población mundial. Los *millennials* lo señalan como una riqueza que se acumula vitalmente y al que aspiran por encima —incluso— del ahorro según un estudio del Bank of America[97]. En un mundo conectado tecnológica y lingüísticamente la mejor manera de aprender es simplemente viajar. Hay muchas formas para ello. Al automóvil, el tren, el avión y el barco se suma la movilidad sostenible de la bicicleta o la moto eléctrica. Los tipos de turismo actuales añaden periplos ecológicos, gastronómicos, académicos o fotográficos. En muchos de estos viajes el desplazamiento es voluntario como menciona Julio Peñate[98].

Las costumbres del viajero también cambian y se transforman de año en año. Las búsquedas en Google sobre el *jet lag* son siete veces mayores que las búsquedas sobre la fiebre amarilla. Y los cambios en la forma de abordar un avión desde los atentados del 11-S han generado protocolos, dispositivos y estándares de seguridad que afectan las costumbres del pasajero y las políticas estatales. Las exigencias de vuelos de bajo coste han impulsado invenciones como maletas ultra ligeras o cascos que evitan el ruido exterior. Los estados también son conscientes de la necesidad de simplificar los trámites, un ejemplo es el *OneStop Security* europeo que permite una mayor movilidad entre los aeropuertos de la UE[99]. Los microhoteles, los alojamientos compartidos, las aplicaciones de ayuda al viajero, los blogs y los comentarios de los usuarios van definiendo un nuevo mundo donde el viaje es una experiencia colaborativa.

Pero quizás las modificaciones más complejas sean aquellas que cambian nuestras perspectivas sociales. Existe una planificación tecnológica del viaje que desarrolla un nuevo estadio para el viajero. Los alemanes tienen un sustantivo difícil de traducir: la *vorfreude*, que sería algo así como "la ilusión de lo que vendrá". Creo que hoy podríamos hablar de una *vourfreude* digital del viaje. Siempre ha existido ese estadio previo, pero nunca con la precisión, autonomía e inmediatez actual. El turista del siglo XXI es capaz de simular sus itinerarios citadinos gracias a Google Maps, contrastar diez formas distintas de llegar a su destino o guiarse por los consejos y críticas de otros viajeros. El viajero es protagonista de su propia historia y conoce mejor sus derechos y deberes. Internet nos ofrece muchísimas experiencias vicarias. Hoy la experiencia viajera está ligada a la investigación y la comparación digital. El avión ya no es el medio de reservado a las élites como lo fue a mediados del siglo pasado. Sin embargo podemos conocer la experiencia de los vuelos en primera clase gracias a *youtubers* como Casey Neistat[100]. Un artículo de Joseph Bien-Kahn en *Wired*[101] describe cómo gracias a la realidad virtual nos aproximaremos a los vuelos antes de comprar, y acompañaremos a exploradores, astronautas y robots a lugares distantes e imposibles de alcanzar.

Durante muchos siglos el viaje fue una posibilidad reservada a unos cuantos y por eso su éxito ficcional. No había —salvo excepciones—lugar para los cruceros de placer o las expediciones científicas. Precisamente fueron los viajeros ilustrados los que inauguran un nuevo tipo de narrativa. Con la llegada de la revolución industrial el cambio fue radical. Luego, gracias a las grandes infraestructuras y los medios de transporte modernos el viaje se ha democratizado. No muy lejos en el tiempo está la llamada tradición del Grand Tour que por el siglo XVIII y XIX alentaba a los jóvenes aristócratas a iniciar su vida mediante un viaje. Solo algunos de ellos pudieron permitirse publicar sus experiencias. Hoy muchos *millennials* tienen la oportunidad de viajar y todos los que quieran pueden contarlas. Por ello el servicio ofrecido por las empresas está sometido a un continuo escrutinio de calidad. Hay una ligazón entre esta dinámica y la competitividad porque la cultura de la reclamación se incluye en la narración de una experiencia personal.

El *vourfreude* digital del viaje abre una puerta a nuevas experiencias. El viajero cuenta su recorrido en múltiples formatos: en las redes sociales, mediante la escritura o la fotografía, de forma más o menos pública, comentando en las páginas de las agencias digitales o en sus propios blogs. Es posible hablar incluso de un nuevo género literario alejado de la ficción que renueva la literatura de viajes. Allí el usuario describe o señala su itinerario para compartirlo con otros. No hay intención de ficción en sus páginas, se comparten los hechos y fenómenos, lo sentido y pensado en sus periplos. Grandes autores modernos como D.H Lawrence o John Steinbeck escribieron relatos de viajes. El teórico literario Luis Alburquerque da pautas sobre este nuevo género [102]. Ejemplos de viajeros que han cultivado el relato de viaje son el británico Eric Newby, el norteamericano Paul Theroux o el español Javier Reverte. Y este tipo de narrativa influencia lo audiovisual y lo gráfico.

Hoy la realidad alcanza a la ciencia ficción con proyectos de vehículos futuristas: *Hyperloop* [103], el taxi auto dirigido, el autobús suspendido o el *SpaceX Dragon* [104]. En preparación a lo que venga el desafío para las instituciones y empresas será apoyar al usuario, no solo como un cliente, sino como un posible narrador, para que pueda contar su viaje de mil maneras.

Ciudades sin barreras

Los seres humanos soñamos desde siempre con ciudades maravillosas. Las posibles y míticas como la llamada Lyonesse no lejos de las costas de Cornualles, aquella Cíbola [105] situada en algún lugar del suroeste de Norteamérica o El Dorado, oculto en las selvas precolombinas. Seguramente detrás de estos sueños se encuentra la aspiración por encontrar un modelo de convivencia. Serían urbes muy a tono con la naturaleza en la que se encontraban. Y con jardines colgantes como los de la antigua Babilonia o enclaustradas en algún valle precioso como Machu Picchu, aunque estas últimas si que existieron.

Estos relatos apuntan a una serie de valores actuales y totalmente reales. Algunos, como el de la salud, están en la línea de los diecisiete objetivos del desarrollo sostenible [106], pero muchos otros no estarían dentro del marco de nuestros objetivos. Y algunos planteamientos no han mejorado a lo largo de la historia. Por ello hemos llegado a tener un *Planeta inhóspito* como ha señalado el periodista David Wallace [107].

Muchas de las leyendas citadinas están vinculadas a la idea de riqueza, la salud o la eterna juventud. En ellas la vida florece, ya sea por el clima, la situación geográfica o su exuberancia. Una vida mítica que bien puede iluminar hacia donde querríamos ir.

Las ciudades antiguas —las existentes y las imaginarias— se pensaron desde mecanismos defensivos. Castillos, murallas o fuertes navales así lo atestiguan. La protección era una parte fundamental de su estructura: eran ciudades cerradas.

En pleno siglo XXI las ciudades han de pensarse desde la apertura. El desafío es que esta accesibilidad sea ordenada y flexible. Más de la mitad de la población mundial vive en áreas urbanas. Y para el 2050 más del 68% lo hará [108]. Por eso pensar en las ciudades abiertas es urgente. Esto implica

—también— pensar en algunas de las razones de esta inflación citadina: el abandono del medio rural, la posibilidad de los desastres naturales, el bajo índice de la natalidad en los países más desarrollados o la contracción económica.

A las nociones de "ciudad global" definida por Saskia Sassen [109] o las investigaciones del *Globalization and World Cities Research Network* [110] hay que sumar la intención de una nueva ética, con renovados valores urbanos, adecuados además a cada ciudad pero con una urdimbre común.

Una ciudad abierta es una ciudad que aúna todas las miradas. Su diseño debe incluir las perspectivas femeninas, octogenarias, infantiles o el de las minorías étnicas. Y más aún, una ciudad abierta habría de pensarse en atención a la inclusión como bien señala la unidad de investigación del Banco Mundial [111].

Solo es posible la construcción de una ciudad abierta con la colaboración de sus habitantes. Un ánimo que ha de empezar en la hospitalidad y la solidaridad, pero que pasa —necesariamente— por el pago de los impuestos, el reciclaje y el respeto a las leyes. Y por supuesto, la valorización de la cultura propia y las innovaciones alrededor de ella.

La ciudad perfecta —si la hubiera— debería de estar diseñada contando con la diversidad de sus habitantes. Se ha partido siempre de una normalidad inexistente, porque quienes perfilaron las ciudades en el pasado han solido ser hombres con una mirada limitada por sus circunstancias. Hoy nuestras carreteras, casas y oficinas han de pensarse desde todas las perspectivas.

Hemos esbozado estructuras cerradas sin darnos cuenta: puertas tan pesadas que no pueden abrir los más débiles, botones a los que no alcanzan los más bajos, sillas de aviones donde no entran los más grandes. Nuestros diseños son discriminadores y no nos percatamos.

Pensar de forma abierta e inclusiva, no solo nos hace más solidarios, sino que nos capacita para ser empáticos, un valor crucial para los ciudadanos del futuro [112]. Aunque lejos de una supuesta perfección Londres, París, Cambridge, Munich o Estocolmo son ejemplos de ciudades con proyectos inclusivos en Europa. Y hay que ser conscientes del papel de la inclusión en la recuperación económica de las ciudades, como lo demuestra un magnífico reporte del Urban Institute sobre ciudades norteamericanas como Augusta, Midland o Vancouver [113].

Esa apertura también habría de ser sincrónica con el medio ambiente, aprovechando de manera sostenible los recursos naturales. La Nueva Agenda Urbana de las Naciones Unidas [114] es un llamamiento a una acción pendiente y necesaria en ese sentido.

Con cierta dificultad y mucha demora hemos empezado a dar pasos para que algunas urbes en desarrollo sean más abiertas e inclusivas. En Colombia, por ejemplo, la legislación nacional ha impulsado cambios importantes en ciudades como Medellín y Bogotá. Otros países como Chile, Sudáfrica, Brasil e Indonesia también han tomado determinaciones en ese sentido. Aunque para ello falta mucho todavía.

Nuestras calles son también recorridas por sillas de ruedas, transitadas gracias a muletas o piernas ortopédicas y exploradas por personas sin los medios suficientes para usar el transporte público. Las ciudades han de ser —cada vez— más de todos y cada uno. Las aceras habrían de cuidarse para ajustar los ángulos de las rampas, la altura de los bordillos, las zonas pedregosas, evitar los tramos resbaladizos.

Esto implica pensar en muchas más variables. Las luces que iluminan las calles no solo han de tener la medida de alguien con visión perfecta. Sino también para aquellos que no vemos tan claramente. Una señalética inclusiva debe ser capaz de indicar a todos. Códigos inteligentes que puedan ser leídos aunque tengamos vista cansada, degeneración macular o daltonismo. Las ciudades sin barreras tendrían que pensar sus habitantes y visitantes de manera digital. Un nuevo proyecto de GoogleMaps confirma esta preocupación. [115].

Esta inclusión ha de ser múltiple: la espacial, la social y la económica [116]. Y además la cultural. Porque una ciudad solo puede abrir sus puertas desde el conocimiento y la valoración de su identidad.

Ética e inteligencia artificial no son palabras difíciles

No hay que hablar de inteligencia artificial (IA) porque esté de moda sino porque es un fenómeno que nos rodea. Sin percatarnos —de una u otra manera— la IA nos acompaña y esto quizás sea una de las claves del futuro. La intuición inicial de Alan Turing señalaba que es posible que las máquinas simulen el pensamiento humano [117] y por allí habría que empezar.

En ese sentido no hay que dejarse llevar por el recelo ante conceptos técnicos o grandilocuentes. Para algunas generaciones la IA está personificada por Hall 9000, el temible ordenador de *2001: Una odisea en el espacio*. Para otras podría ser el Arquitecto, aquel programa que diseñó la *Matrix* en la trilogía fílmica de las hermanas Wachowski. Pero la realidad es menos compleja que la ficción, por lo menos por ahora.

La IA está presente en nuestras casas y trabajos mediante programas o máquinas que nos hacen la vida más fácil. Ya sea con nuestros teléfonos inteligentes [118], los asistentes virtuales que responden preguntas, en algunos juguetes que pueden comunicarse con los niños e incluso en ciertas aspiradoras. Ciertos algoritmos analizan nuestras acciones digitales sin que nos demos cuenta. Los programas predictores, por ejemplo, que calculan nuestros intereses basándose en búsquedas o compras y desarrollan perfiles de usuario en Amazon, Google o Netflix. Que simulen mejor o peor el pensamiento es otra cosa.

Basta que una máquina imite un tipo de razonamiento para que ingrese dentro del conjunto de la IA. Esa es también la idea que tenía John McCarthy, quien acuñó el término, y cuya definición procede del concepto de imitación. Decían los organizadores de la Conferencia de Darmouth en 1956 que "este estudio se basa en la conjetura de que todos los aspectos del aprendizaje o cualquier otra característica de la inteligencia pueden ser descritos de manera tan precisa que una máquina pueda simularlos" [119].

Las manifestaciones de IA que encontramos hoy son puntuales y más bien simples. Así lo señala Ramón López de Mantaras en una entrevista [120] en la que explicaba que observamos actualmente el desarrollo de "inteligencias específicas". Programas que saben jugar ajedrez mejor que los humanos, aplicaciones que predicen nuestros gustos o sistemas que pueden diagnosticar más rápido que un médico "pero sin conocimientos generales de medicina". Digamos que tenemos pequeñas representaciones de inteligencia en diversas plataformas.

Porque cuando hablamos de inteligencia el concepto es muy amplio. Decir hoy que alguien es inteligente no es lo mismo que en el siglo XIX. Nos hemos alejado de la primacía racional. La teoría de las inteligencias múltiples de Howard Gardner aporta un marco amplio y complejo [121] para analizar la comprensión humana. Por eso, y siguiendo la definición de Darmouth, para comprender qué es la IA debemos saber qué es la inteligencia humana. Quizás por ello el mundo de la psicología, la neurociencia y la informática han de ir de la mano. Lee Simmons, en la edición norteamericana de la revista *Wired*, hablaba sobre las paradojas de la relación entre cerebro e IA [122]. Decía el artículo que las redes informáticas tienen unos cuantos millones de nodos, pero que son muy pocos comparados con los cien mil millones de neuronas del cerebro humano. O sea —sugiere Simmons— modelamos una IA sobre lo que comprendemos parcialmente.

Las plataformas conocidas de IA, aun incipientes, también deberían vincularse a valores humanos. Si la ética es pensar sobre lo correcto o incorrecto habría que cuestionar las acciones en cada ámbito. Por ejemplo una ética de la IA destinada a las finanzas debe conocer las maniobras de los *traders* virtuales. O preocuparse en cómo potenciar la formación de los empleados bancarios en ciberseguridad. O ser consciente que los valores corporativos han de manifestarse en las plataformas de IA ofrecidas.

Las preguntas son el inicio del camino del desarrollo moral. Una IA potenciada por el Big Data que nos permite, por ejemplo, pagar servicios públicos ¿debería encarecerlos? Los datos médicos recopilados en las historias clínicas ¿hasta dónde son privados? Los videojuegos que dialogan con niños o menores de edad ¿qué limites tienen?. Aunque luego las regulaciones sean complejas hemos de empezar sin miedo por hacer preguntas.

La aproximación a la ética de la IA podría ser pedagógica. Como instrumento para solucionar problemas hemos de dirigirla, y saber que sus resultados han de potenciar lo humano. La IA analiza datos personales, genera estadísticas valiosas pero no ha de quedarse en el mero número. Necesitamos saber más. La Unión Europea acaba de anunciar que formará un grupo de expertos para evaluar el impacto de la IA en la sociedad[123]. Una comisión de este tipo necesitará dedicar parte de su tiempo a aclarar su significado para los ciudadanos de a pie.

Habría que empezar a programar haciendo preguntas morales. Como Ben Goertzel, creador de Singularity-NET[124], que es consciente en sus proyectos del valor de la empatía. O la investigadora de Microsoft, Timnit Gehru[125], que indaga en sus trabajos sobre la diversidad o el número de mujeres que trabajan en IA.

Estamos todavía lejos de una IA que permita diálogos profundos, sentido común e incluso el manejo de la ironía. Sería ingenuo esperar a que la IA se desarrolle lo suficiente para someterla hoy a un escrutinio. Pero podemos integrar la moral en sus desarrollos. Así sus simulaciones aportarán una mayor comprensión de lo humano.

La digitalización y sus valores

La digitalización es un proceso y un ambiente. En cuanto proceso transforma los contenidos analógicos. Por ejemplo convertir el *Quijote* impreso por el editor Juan de la Cuesta en 1604 en un *Quijote* digital. Las letras que eran dibujos, sellos o tipos se introducen en un ordenador mediante códigos numéricos. El resultado pudiera incluso imitar la tipografía original. Pero las letras que aparecen en la pantalla son en realidad dígitos que el computador transforma en imágenes.

No solo se pueden digitalizar las obras maestras de la literatura. También las cuentas de un banco, la información climatológica, las analíticas de los pacientes, las partituras, los textos, las películas, los edificios y toda la información concebible. El proceso de digitalización nos permite acceder de otra manera al mundo que nos rodea. Y esto va cambiando nuestras costumbres y hábitos.

La mayoría de las creaciones humanas se pueden representar digitalmente. La reproducción de un cuadro no tendrá la calidad del original, aunque ya somos capaces de ver las pinceladas en ciertas imágenes. Como en el proyecto *Second Canvas Thyssen*[126], o incluso imprimir una reproducción en tres dimensiones de un cuadro de Rembrandt[127]. Todo lo que puede decodificarse puede digitalizarse. Gracias a este proceso algunos objetos podrán reproducirse y otros maquetarse. Solo en los casos en que desconocemos la estructura de los mismos la digitalización aportará solo fragmentos.

Esta revolución ha transformado nuestra manera de entender el universo. Lo digital se ha convertido en un ámbito de encuentro con el mundo y los demás seres humanos. Ha potenciado nuestros sentidos y los propulsa hacia nuevas fórmulas. Por ejemplo la incipiente conectividad de las redes neuronales y su interactuación con las máquinas. Sobre estas relaciones escribe Kevin Warwick de Coventry University[128] en un artículo de OpenMind que habla sobre la cibernética y su relación con la neurociencia.

El término es complejo como señala Jason Bloomberg[129]. Lo digital ha desarrollado un nuevo sentido de la palabra ontología, aquello que los antiguos filósofos relacionaban con la esencia de los objetos. El Museo del Prado describe su propia ontología digital en la web[130].

Pero esta revolución ¿conlleva ciertos principios. Ciertamente nos pide repensar la ética o las nuevas costumbres de convivencia virtual. Sin querer ser exhaustivo hay nuevos valores que se ponen de relieve en este mundo y que podría ser interesante mencionar.

1. El *acceso abierto* a la información ha generado una cultura de la simplificación administrativa, la eliminación de las barreras y la transparencia. Esto genera un sentido común que se ha extendido al mundo académico, administrativo y empresarial. Más aún ha servido para denunciar injusticias o unir esfuerzos por los más necesitados. El buen samaritano digital es consciente de ello.

2. La *economía colaborativa* es un valor emparentado con el anterior. Quizás el *crowfunding* sea su manifestación más conocida. Pero sus variantes son muchas: aconsejar sobre productos, opinar sobre lugares visitados, evaluar servicios, compartir medios. Las empresas aprenden constantemente de esta dimensión[131].

3. En esa línea está la capacidad de desarrollar *relaciones humanas* mediante las plataformas digitales. Más allá de las aplicaciones para conocer personas, amigos o relacionarnos en los foros existe una simpatía digital. Los *millennials* saben muy bien que se puede tener

amigos, conocer personas y aprender de ellas gracias a esta revolución.

Como en los sueños de los enciclopedistas la digitali-
4. zación permite el acceso a multitud de información.
El *autodidactismo* cobra una nueva dimensión en el
mundo de la información. Con sentido común y dis-
ciplina uno es capaz de aprender lo que nunca supu-
simos.

Interactuar naturalmente con la IA será cada vez más
5. común. Es conocer cómo funcionan nuestros dispositivos, aprender sobre hardware y software y distinguir
los sistemas operativos. Así trabajamos con ella, soli-
citamos su ayuda o jugamos contra los cerebros artificiales. Como un grupo de humanos que compitieron
hace poco contra varios tipos de algoritmos IA en el
juego de estrategia Dota 2[132].

Relacionarse con el mundo digital es *estar conectado.*
6. No solo nos da la posibilidad de identificarnos mediante documentos digitales. Es mantener un contacto directo con aquellos que están lejos, trabajar desde
cualquier lugar y organizar nuestro tiempo libre gracias a estas redes. Siempre a gusto del usuario.

Y *saber desconectarse.* El reciente *Droit à la déconne-*
7. *xion* aprobado por el gobierno francés está en esa línea. Aunque como opción libre dependerá de cada
uno saber desconectarse cuando lo necesitemos. El
derecho a la desconexión laboral puede traducirse en
saber cuándo trabajar y cuándo no.

8. La *comunicación digital* ha potenciado muchas habilidades. Desde saber escribir sintéticamente, incluir

emojis y diseños en nuestro discurso o abrir un canal de Youtube. Todo esto tiene que ver con saber cómo contar las cosas, ser claros y tener competencias comunicativas.

9. Debido esta hiperconexión hemos aprendido a ser *precavidos*. Por un lado a saber cuáles son los límites de lo público y lo privado, por otro a detectar ciertos peligros de esta nueva república: el acoso, el cibercrimen o las noticias falsas. Es como aprender acerca de los barrios más y menos seguros.

10. Hay un nuevo *gusto digital* que tiene que ver con la posibilidad de acceder a numerosos estilos y modelos, como si la estética se reconfigurara mediante las posibilidades tecnológicas. Esto permite a algunos artistas experimentar con multitud de formas, efectos, variantes y colores. Y a los demás dejar salir al fotógrafo, el diseñador o el crítico que llevamos dentro.

Negociaciones

El *podcasting* y algunas razones de su éxito

Ben Hammersley —hoy editor de *Wired.uk*— fue quien ideó el término: una mezcla entre las palabras iPod y *broadcast*. El *podcast* es un conjunto de episodios de audio digital que puede ser descargado en una variedad de dispositivos.

El origen del *podcast* está en la revolución digital del siglo XXI. Su esencia está relacionada con la radio —entre los formatos tradicionales— y sus posibilidades van más allá. Aun cuando la materia prima es el sonido, algunos *podcast* pueden también verse. El *podcaster* encapsula digitalmente sus grabaciones y las produce con una cierta continuidad. Para su realización básica solo necesita un computador personal y un micrófono. Claro que esto ya podía hacerse con una grabadora y un casete a finales del siglo pasado. Pero en ese entonces no existían las autovías de la información en la nube, ni la variedad de dispositivos para poder gestionarlas.

El *podcast* diversifica enormemente la información, utiliza el formato de audio y reinventa las comunicaciones en un mundo en donde los oyentes se encuentran en movimiento.

En Estados Unidos la popularidad del *podcasting* es muy grande y sigue creciendo. *The Statistics Portal* informa que en el 2016 habían 58 millones de oyentes y predice que en el 2023 habrán 150 millones[133]. La revista *The Atlantic* publicaba la lista de los cincuenta *podcast* más populares[134] en ese país. En España, y según el Estudio General de Medios, la escucha de la radio en versiones de *postcast* es cercano a un 20% de las escuchas totales vía internet[135]. Desde Latinoamérica se producen podcast muy creativos que siguen una tradición que transformó el mundo de la radio a mediados del siglo XX. Una muestra de ellos están en este artículo del *podcaster* colombiano Félix Riaño[136].

Hay diversos tipos de *podcast*, muchos han atomizado los productos radiofónicos tradicionales como las tertulias, los informativos o los programas musicales. Pero el *podcasting* amplía las posibilidades radiofónicas. Han reinventado, por ejemplo, antiguos formatos.

Las radionovelas que tuvieron tanto éxito a mediados del siglo pasado están emparentadas con fenómenos como la serie *Homecoming*[137], que muestra la energía del *podcasting* de ficción en Estados Unidos. Este género está emparentado con el audiolibro. Pere Solà escribía sobre "las series que se escuchan"[138] en *La Vanguardia* y anunciaba un *podcast* heredero de *Stranger Things*: *La inexplicable desaparición de Mars Patel*[139] que ya tiene dos temporadas.

Algunas razones del éxito de las diversas modalidades de *podcasting* pueden ser también una forma de introducirnos en este mundo.

1. A veces nos gusta solo escuchar. Ante el alud de información en las redes algunos prefieren concentrarse en ciertos canales de comunicación. Y oír contenidos de calidad es valioso. Esto recuerda aquella teoría comunicativa de Marshall MacLuhan sobre medios fríos y medios calientes. Los segundos concentran sensorialmente la información. Quizás el *podcast* esté en esa línea.

2. Necesitamos confiar en algunas personas que tienen opiniones interesantes. Y escucharlas con detenimiento. Aunque agradecemos formatos rápidos como el de TED[140], en otros momentos preferimos mayores extensiones. De alguna manera un buen *podcaster* puede ser un aliado contra los bulos y las noticias falsas.

3. Vivimos en un mundo en tránsito constante. Y a pesar de estar en movimiento podemos escuchar un

podcast. Ya sea caminando, conduciendo o usando el transporte público. Y sin conexión a internet.

4. Nos interesan los debates y las tertulias. Es una forma de aprender, de estar informados y de conocer personas fantásticas que no tienen el espacio o el tiempo adecuado para expresarse en los medios tradicionales.

5. Nos gusta escuchar historias ficticias (e imaginarlas). Los nuevos sistemas de grabación digital tienen una calidad cada vez más sofisticada. Un universo de efectos sonoros se descubre en las series de ficción. Nos encantan los matices y explorar nuevas formas de conocimiento a través del sonido.

El crecimiento del *podcasting* podría ser estimulado por la audiencia que lo desconoce. El productor canadiense Steve Pratt lo apunta en un artículo con sugerencias actuales para los *podcasters*[141]. Muchos usuarios de Android, diferentes del oyente norteamericano, no han probado este medio de comunicación y entretenimiento. Porque en la galaxia de internet el *podcast* es un mundo todavía por explorar.

La tecnología y las nuevas narrativas financieras

Futurizon en el informe *The future of football* predice que en las retransmisiones deportivas veremos drones minúsculos revolotear al ras del piso, internarse entre el público o siguiendo la pelota por el aire. Salvo los árbitros, los jugadores o los entrenadores el común de los mortales hemos visto estos espectáculos deportivos en clave arquitectónica; esto es desde la grada o desde los laterales del campo. Y aunque no nos percatemos las narraciones también han dependido de esas miradas ¿Qué pasaría si la perspectiva cambiara? ¿Podríamos relatar un partido desde el ojo del árbitro? ¿Sería interesante? ¿O contar lo que observa un dron interesado? Todo eso es sugerente, más aún si la imagen viene acompañada de sonidos que nunca hemos podido escuchar. Si oímos lo que dicen los jugadores al juez de línea o sus respiraciones antes del gol definitivo ¿no modificaría esto el comportamiento de los protagonistas? ¿Y la aproximación de la crítica deportiva? Algo así ya sucede en los eSports o en la Fórmula 1 y quizás sea una carta común en el futuro.

Michael Gunton, productor de documentales y ejecutivo de la unidad de historia natural de la BBC, señalaba en una entrevista reciente lo importante que es contar historias desde nuevos puntos de vista. Y vaya si habla con conocimiento de causa: la segunda parte de *Planeth Earth* hace posible acompañar a un escarabajo que sube a una duna desértica, observar el celo del esquivo leopardo de las nieves, seguir a un lagarto que rampa sobre un león o volar junto a un halcón. Hoy se puede hacer una película así gracias a la tecnología. En ello se basa su enorme éxito. Lo que antes se grababa desde un trípode ahora puede filmarse desde innovadores planos. Esta flexibilidad se debe a la evolución de los dispositivos de grabación: la miniaturización de las cámaras, la alta definición de las imágenes, las posibilidades de la visión nocturna o la visión aérea de los drones. Todo esto conjugado ofrece al director un sinfín de perspectivas que enriquecen su trabajo. Alrededor de esta idea se encuentra el documental australiano *Tales by Night* que acompaña a cinco fotógrafos naturalistas en sus peripecias profesionales. Art Wolfe, uno de ellos, se sirve de un pequeño *rover* para acercarse a ras del piso a los leones. El trípode era la perspectiva natural del ser humano y ahora no es la única.

Nada de esto tiene significado sin una narrativa adecuada. Que hay múltiples perspectivas vale, pero saber cuál es la más propicia en cada momento amplía sus posibilidades. Cualquier fenómeno puede ser contado con las herramientas adecuadas. Quizás para entender la estrategia de un equipo de fútbol el esquema aéreo sea el mejor, pero para aprender cómo se comunica un entrenador habría que ver el juego desde su lugar. Las perspectivas son un desafío para describir el proceso. Podemos grabar todas las que nos sean posibles, pero si no sabemos sentirlas e interpretarlas nos servirán de poco. De ahí la importancia de narrar bien lo que vemos. La literatura no solo se ha especializado en la ficción, sino que usa sus herramientas para describir paisajes, objetos y las variadas manifestaciones de lo real. Por eso una formación científica, comercial o analítica también debería contar con el aprendizaje en lo que se ha denominado *Storytelling*.

¿Qué tiene que ver esto con la banca? Pues que las instituciones financieras ya no son solo figuras físicas. Nuestra perspectiva sobre ellas trasciende el rostro, la oficina o el teléfono. Los dispositivos digitales, los robots y las aplicaciones móviles son el presente y el futuro de esas interacciones. También estas son nuevas perspectivas. Algunas de estas interacciones son totalmente silenciosas, otras se dan fuera de los horarios de trabajo, la mayoría superan el esquema tradicional de atención comercial. Las llaves son claves, los clientes usuarios, las puertas conexiones. Por eso los nuevos casos han de ser narrados adecuadamente para ser estudiados y aprovechados. El cliente del mañana tendrá nuevas formas de contar estas experiencias; muchas de ellas en clave digital, con un nuevo vocabulario y seguramente utilizando otras ideas y formatos.

Cada vez queda más claro —por ahora— que hemos contado nuestras historias desde perspectivas parciales, aunque no necesariamente eso signifique que hayamos errado. Lo apuntaba Thomas Kuhn en *La estructura de las revoluciones científicas* (1962). La teoría perspectivista nos muestra el lado positivo de todo ello: en el futuro lograremos una visión más completa de la realidad y la tecnología nos ayuda hoy a vislumbrarlo. Aunque la visión panóptica sea una ilusión —si sabemos narrar— podemos ponernos en los zapatos del otro o entender cómo usa las aplicaciones en sus dispositivos.

Nexos y posibilidades en la industria de los videojuegos

El mundo de los videojuegos es una realidad económica y creativa. Sus posibilidades no se reducen solo al aspecto lúdico; son una industria que da trabajo a muchísimas personas. El mercado de juego en la nube será superará los mil millones de euros en el año 2021 según Newzoo[142]. Y en un artículo que cita dicho informe la CNBC señala que esto supone un incremento de más del 13% con respecto al año anterior[143]. Dicha industria engloba a los video juegos, los juegos para dispositivos móviles y los eSports.

Las infografías y datos de WePC quizás ayuden a sintetizar este universo[144]. Allí se enlazan magnitudes tecnológicas, económicas y creativas solo comparables al fenómeno actual de las series de televisión.

Como dice la enciclopedia Britannica "la idea de jugar con un ordenador es tan antigua como las computadoras mismas"[145]. Muchos de los primeros programadores ensayaron instrucciones para crear juegos informáticos. El ingeniero estadounidense Claude Shannon diseñó varios programas para jugar al ajedrez a mediados del siglo pasado. Mucho tiempo después, en 1997, un ordenador llamado Deep Blue de IBM ganó al campeón mundial de ajedrez en un juego de seis partidas[146].

En 1958 William A. Higginbotham creo un rudimentario simulador de tenis para realizar una exhibición sobre las posibilidades de un ordenador analógico. Otro juego histórico es *Spacewar!* creado en el MIT en 1962 por Steve Russell en un Programmed Data Processor. El PDP era un ordenador de 18 bits que usaba papel perforado como plataforma de almacenamiento.

Los juegos siguen siendo una manera de demostrar la potencia de los ordenadores y su capacidad de interacción con los seres humanos. Los computadores diseñados para jugar son los más potentes. Y probablemente son los que mejor sirvan para otras tareas como la renderización en programas de arquitectura, diseño o animación. De alguna manera la industria del videojuego es un laboratorio informático de primer nivel: tarjetas gráficas, monitores, periféricos, procesadores y sonido son sometidos a pruebas de estrés con los juegos más dinámicos. Son algo así a lo que es la Fórmula 1 a la industria del automóvil.

Hoy hay más de dos mil quinientos millones de aficionados a los videojuegos por todo el mundo [147]. Los juegos para ordenadores personales coparán el 47% del mercado del videojuegos para 2019. Los teléfonos y relojes inteligentes tendrán una cuota del 34% y el resto se dividirá entre las consolas, las televisiones inteligentes y la realidad virtual. El mundo de los videojuegos pasa por la adaptación a los dispositivos que usamos y también las nuevas posibilidades que ofrecen.

Los jugadores que tienen canales en Youtube han creado un nexo entre el mundo de la comunicación y los videojuegos que todavía tiene muchas posibilidades que explotar. Muchos de ellos han desarrollado herramientas pedagógicas que desconocen los maestros y profesores en universidades y colegios.

Emprendimientos y proyectos famosos como la consola Magnavox Odyssey (1972) o la Atari Corporation (1972) con su mítica Atari 2600 han marcado a varias generaciones. Uno de los primeros juegos exitosos fue *Pong* (1972), una simulación de juegos de raqueta que impulsaba una pelota a través de la pantalla. Varias marcas ha aprovechado muy bien la recuperación de juegos retro con consolas como la PlayStation Classic, la Sega Genesis o el NES Mini.

El desarrollo de juegos para los ordenadores personales floreció a la par que el desarrollo de estas máquinas. El Altair 8800 (1974), el KIM-1 (1975) o el Apple II (1977) fueron algunos de los primeros ordenadores que sirvieron de plataformas para el desarrollo de videojuegos. Luego llegaron el IBM PC (1981), el Commodore 64 (1982) o la Sinclair ZX Spectrum (1982) con los que se difundieron catálogos de mucha creatividad. El servicio Good Old Games vende videojuegos de PC antiguos compatibles con las nuevas versiones de sistemas operativos[148] y proyectos como Antstream siguen explorando este nicho de mercado[149]. Hace ya algunos años el MoMA de Nueva York adquirió varios videojuegos clásicos como parte de su exposición permanente en arquitectura y diseño[150].

Una nueva estética proviene de los videojuegos. Que además —sin duda— es parte de nuestra cultura. Desde los dibujos pixelados de los inicios hasta la perspectiva, los programadores han tenido que integrar en su trabajo información de diseño, referencias narrativas, dibujo, bandas sonoras e incluso ideas arquitectónicas. Las relaciones con la animación tradicional han calado naturalmente, pues muchos animadores de videojuegos han importado técnicas de los estudios de dibujos animados. *Cuphead* (2017) —por ejemplo— es un homenaje al Disney primigenio y a la música de jazz de inicios del siglo XX.

El mundo de los videojuegos es un mercado en continua reinvención. Después de un declive en el mercado de las videoconsolas a principios de los ochenta, se desarrollaron nuevos productos que crearon referencias culturales como *Super Mario Bros* (1985). Hasta llegar a las plataformas actuales como la PS4 de Sony o la Xbox de Microsoft. El valor del mercado de consolas en el mundo en el año 2016 fue de 14 mil trescientos millones de euros según IDATE DigiWorld[151]. Algunas de las empresas de videojuegos que cotizan en bolsa son Tencent Holdings, Sony, Microsoft o Activision Blizzard.

Dada la complejidad de algunos videojuegos también se han definido nuevas profesiones. Guionistas, diseñadores, productores, creadores de sonido, programadores, animadores, artistas y —como no— probadores, participan en el desarrollo de los programas de juego más sofisticados. El desarrollo colaborativo es característica de estos proyectos.

Se estima que el mercado de los eSports generará mil cuatrocientos millones de euros para 2021. En orden regional está liderado por Asia con 40%, luego viene Norteamérica muy de cerca y después Europa con un 26%. Estas tres regiones copan el 97% del mercado mundial[152]. Una de las primeras competencias de eSports fue la de *Spacewar!* en 1972 en la Universidad de Stanford en Estados Unidos. Otro evento que marcó un hito fue el campeonato organizado por Atari en 1980 sobre el juego *Space Invaders*.

Hay muchos juegos sobre los que se organizan competiciones. Uno de los torneos más potentes es el Mundial del *League of Legends* que congregó a 75 millones de espectadores en la final del 2017. La Asociación Española de Videojuegos ha publicado un libro blanco que explica los eSports[153]. En el mismo se mencionan datos interesantes, como que "Katowice es la meca europea del gaming competitivo".

Sir Isaac Newton en Sillicon Valley

Isaac Newton —al pie de un manzano en Lincolnshire— se preguntaba alrededor de 1666 ¿por qué caen las manzanas?. Alguno de sus vecinos agricultores quizás pensaría: "eso es una pérdida de tiempo". Y tal vez añadiría "¿No es inútil pensar en fenómenos evidentes? Las manzanas caen porque caen". Detrás de esa posible recriminación hay ideas estimables sobre la importancia de la productividad o sobre la alimentación: lo importante de las manzanas es saber cosecharlas y aprovecharlas.

El interés de Newton, paradójicamente, no tenía ningún fin inmediato. Su indagación era desinteresada y abierta: quería saber por saber. Para una mentalidad funcional o pragmática no es fácil convivir con este tipo de aproximación científica. Saber integrar estas dos perspectivas en la vida social es uno de los desafíos que han permitido el desarrollo de la civilización.

Los descubrimientos de Newton sumados a los de la física contemporánea han tenido innumerables aplicaciones en diversas industrias: aeronáutica, astronómica, meteorológica e incluso en la exploración espacial. Aunque el mundo empresarial ha tenido que esperar muchos años para obtener réditos por los mismos. Parte de la tarea actual es integrar mejor estos procesos.

¿Cómo se pueden potenciar las relaciones entre ciencia y empresa en el mundo actual? La historia sobre ellas es compleja y conviene dar una mirada a las diversas iniciativas y posibilidades existentes: laboratorios empresariales, gubernamentales, independientes o universitarios[154]. Sus relaciones podrían incluso encontrar una enorme variedad: sinergéticas, simbióticas o incluso utilitarias, comensalistas y parasitarias. El siglo XX es un muestrario de esas contradicciones.

Saber equilibrar y potenciar las relaciones entre ciencia y empresa es difícil pero posible. El programa marco de la Union Europea Horizonte 2020 [155] responde a ello. Según su propia definición: "Horizonte 2020 integra por primera vez todas las fases desde la generación del conocimiento hasta las actividades más próximas al mercado". Después de un impacto favorable [156] se confirma una continuación del mismo proyecto bajo la denominación Horizonte Europa [157].

Pero las sinergias entre ciencia y empresa no se producen solo desde las políticas gubernamentales. Uno de los ejemplos más interesantes es la fundación del Stanford Research Park [158] en Estados Unidos, germen de Silicon Valley. Este programa nació de una idea Frederick Terman, profesor de la Universidad de Stanford. El profesor Terman supo encontrar esas líneas de confluencia entre la universidad y la empresa [159]. En un mundo donde la tecnología es fundamental, la investigación aplicada es uno de los pilares de innovación de las empresas. Su importancia radica en el desarrollo de nuevas tecnologías que repercutan en la calidad laboral y el avance social.

La conciencia de las empresas sobre la necesidad de la investigación científica también es clara. Su aproximación al mundo académico es cada vez más responsable, sostenible y respetuosa. Aunque hoy en día ha de ser sobre todo flexible y dialogal. En *Reinventar la empresa en la era digital*[160] Henry Chesbrough, profesor de la Haas School of Business, señala que los flujos de innovación han de ser abiertos y asociarse a modelos que permitan una reinvención constante. Las empresas miran con atención, por ejemplo, a las dinámicas de los llamados *spinoff*.

CityHome[161] es un proyecto de investigación que se desarrolló en el Instituto Tecnológico de Massachussets (MIT) hace algunos años. La idea era desarrollar un mobiliario con "superpoderes", como dice Hasier Larrea en una charla TED en Cambridge[162]. Este modelo de hogar flexible y eficiente para espacios reducidos, fue desarrollado por un equipo de científicos liderados por el arquitecto Kent Larson en el City Science Group. A partir de las invenciones que se gestaron en el laboratorio, se creó una empresa de nombre Ori[163]. Como dice el MIT News[164] este *spinout* se apoya en años de trabajo de investigación en el MediaLab y es un buen ejemplo de una empresa que se funda desde la dinámica inventiva de un laboratorio universitario.

En inglés el verbo *spin* tiene varios significados; todos están relacionados de una u otra manera con la idea de movimiento. La acepción más común es "girar". Hay dos vocablos actuales: *spinoff* y *spinout* que señalan analógicamente un impulso proveniente de un dinamismo giratorio. Estos conceptos se refieren a proyectos empresariales o mediáticos que nacen a partir de otras ideas o propuestas. Impulsados por una especie de fuerza centrífuga, que se aleja del centro aunque proviene de él.

Aprovechar la energía que proviene de la investigación y desplegarla en proyectos empresariales es una formula interesante. Pero para lograrlo los equipos científicos necesitan también una sensibilidad y conocimiento del mundo empresarial y financiero.

Quizás una de las claves para fomentar la conectividad entre los dos mundos sea la capacidad de sus líderes para entenderse mutuamente. Las necesidades tecnológicas apremian este diálogo. Para ello también se necesita claridad ética y una legislación adecuada que salvaguarde los derechos de los actores implicados.

La importancia de los laboratorios de ética digital en las empresas

Los laboratorios de ética digital son ya una realidad en instituciones académicas con visión de futuro. El Digital Ethics Lab de la Universidad de Oxford[165] asume de alguna manera esta responsabilidad. Entre los valores que señalan está la apertura, la pluralidad, la tolerancia, la equidad y la justicia. El Center for Digital Ethics[166] de la Universidad de Loyola en Chicago promueve el diálogo y la investigación para comprender los hábitos en ambientes digitales.

No es superfluo intentar actualizar el pensamiento de los filósofos clásicos. Las aplicaciones legales de sus reflexiones han sido reales y prácticas. En el pasado y en otros ámbitos lo han demostrado autores como John Rawls, Robert Nozick o Martha Nussbaum. El desafío es pensarlos hoy desde el mundo digital.

Los negocios digitales tendrán que procesar conflictos y disrupciones como señala Rob van der Meulen[167]. Algunos de los dilemas ya conocidos son la privacidad[168], la desconexión laboral o el teletrabajo. Otros provienen del uso del *machine learning* (ML) y la inteligencia artificial (IA). Estos procesos modifican constantemente la experiencia del cliente, la automatización y los procesos de negocios. Esto trae consigo la creación de nuevos puestos de trabajo, la desaparición de otros y una transformación de las organizaciones. En todo ello hay definiciones de fondo: los nuevos modelos de trabajo, el uso del tiempo, los derechos laborales o las diferencia entre lo público y lo privado.

Conformar comités que reseñen éticamente los proyectos de negocio digital evitará errores y permitirá a las empresas ser más ágiles. Un laboratorio de ética digital no es un conjunto de sabios que disquisicionan sobre cuestiones desconocidas.

Pueden estar conformados de manera transversal, con personas que trabajen en diversas áreas de la organización. De esta forma sus integrantes aportan una visión global, *in situ*, que permite explorar procesos adecuados ante los cambios y problemas. Son también espacios de entrenamiento y aprendizaje sobre las posibilidades de los nuevos espacios de negocio e intercambio. También es interesante integrar a especialistas en ética, abogados expertos en nuevas tecnologías, comunicadores digitales, pero siempre en un diálogo que parte desde la dinámica propia de la organización.

Vayamos por detrás o por delante del futuro no hemos de renunciar a enfrentar sus dilemas. Siempre con una intención práctica —guiados por la ética profesional— es necesario hacerse preguntas y responderlas. No solo sobre cuestiones complejas como la responsabilidad de la IA en el diagnóstico de enfermedades. También sobre la injerencia del ámbito digital en nuestros proyectos empresariales, sus posibilidades, revoluciones y complejidades. De ello dependen el éxito de estas transformaciones. Es lo que propuso Immanuel Kant en aquél famoso artículo *¿Qué es la Ilustración?*[169]

La cantidad de información disponible, su manejo, la digitalización de las comunicaciones, de la educación, de los deportes[170] o de la banca[171] generan no solo procesos sino un nuevo ámbito personal y social. Hay modelos de relaciones humanas que generan interacciones y colectivos digitales. También se reorganizan los protocolos de educación y conocimiento. Los seres humanos somos los mismos pero en un mundo nuevo y antiguo a la vez. Hay valores que son fundamentales para conjugar el mundo físico y el digital. Saber reconocerlos, definirlos y ponerlos en práctica es el gran desafío.

Un laboratorio de ética digital atiende información usual: "nuestros clientes opinan sobre estos procesos", "aquél proveedor nos pide más datos sobre su atención al cliente", "los indicadores señalan este número de uso de nuestra intranet". Pero la perspectiva moral será clave para interpretarlos. Por ejemplo ¿estamos usando los datos sobre nuestros trabajadores adecuadamente? Esta es una pregunta que propone Kon Leong en un artículo publicado en Harvard Business Review[172].

Una de las primeras cuestiones a determinar y descubrir es el conjunto de valores que define a nuestra empresa. En base a ellos podremos también encontrar los caminos que queremos recorrer. Saber si elegimos proyectos colaborativos, solidarios o abiertos. Si optamos por el minimalismo o la asunción de funcionalidades. Pero sobre todo encontrar inspiración en ellos y que aporten creatividad. Hace poco, por ejemplo, BBVA celebró su primer "Values Day"[173].

Los escenarios y sus determinaciones es fundamental. Un área de ética digital en la organización permite seguir definiéndose y hacer frente a los retos. Por ejemplo el entrenamiento en ciberseguridad para sus empleados[174], pero con una perspectiva más amplia que la prevención. Por eso es muy importante la transversalidad de estos trabajos, y que sean compartidos. A partir de ellos se pueden generar herramientas para evaluar muchas ideas como sugiere Julia Jessen[175]. Los laboratorios de ética deben sugerir y recomendar aunque las decisiones serán siempre un asunto del directorio.

Así no es complicado prepararse para el futuro, evitar obstáculos o encontrar nichos de trabajo tan productivos como novedosos.

Hacia una nueva educación financiera

En un artículo publicado en *The New Yorker* el escritor británico John Lanchester explicaba que para escribir una novela sobre Londres, había necesitado entender el "mundo del dinero" [176]. Aunque a Lanchester no le falta cultura —creció entre Calcuta, Brunéi, Hong Kong y se educó en Oxford— leer sobre economía le supuso un esfuerzo.

Muchos profesionales necesitamos ponernos al día en cuanto al universo financiero. Más aún si los cambios actuales nos permiten un uso más flexible y diverso del dinero. Es una reinvención obligada y tan constante que quizás nos hace perder perspectiva. Nuestro aprendizaje sobre el entorno económico no es necesariamente el de las nuevas generaciones. Y esto interfiere en nuestra percepción de lo que necesitan los niños y jóvenes. Se necesita una educación financiera en la escuela [177] pero quizás diferente a la que necesitaron las generaciones anteriores.

La revista digital *Rave* muestra en una infografía algunas de las características de las aproximaciones de los miembros de la Generación Z a la economía [178]. La mayoría de ellos consideran que el colegio debe prepararles para ser buenos en sus profesiones. Y prefieren no endeudarse demasiado con su futura educación universitaria. Son pragmáticos y prefieren trabajos flexibles o liberales que les permitan disfrutar de sus vidas. Algunos de ellos, como Greta Thunberg [179], son capaces de faltar a clases para reclamar a los líderes mundiales acciones reales contra el cambio climático.

Otras infografías, esta vez de *Vision Critical,* [180] muestran nuevas características de los jóvenes nacidos a finales del siglo pasado: tienen hábitos de consumo mediático diferentes a los *millennials*, valoran más los buenos productos a las experiencias, están interesados en la psicología y en las relaciones humanas, son emprendedores y conscientes de sus derechos como usuarios y clientes.

Para las nuevas generaciones la visión de la economía es diferente. El mundo económico está íntimamente ligado a la vida privada. No les basta con las explicaciones tradicionales acerca de la revolución industrial y los ensayos utópicos del siglo XX. Son muy pragmáticos y dudan que las teorías tradicionales les aclaren los nuevos ritmos de la economía. Tampoco se conforman con una didáctica que solo les ayude a declarar sus rentas, conocer la diversidad de los tipos de hipotecas o a usar un tarjeta de crédito. Muchos de ellos intuyen que varias de estas herramientas quizás sean obsoletas en unos años.

A los jóvenes les interesa también saber cómo la economía se relaciona con el medio ambiente. Quieren simplificar los procesos y no le temen al papel de los robots en la sociedad futura. Muchos de ellos son autodidactas en diversos ámbitos y asisten a la creación de nuevas profesiones. El Imagination Report[181] de la revista *Fatherly* muestra las aspiraciones profesionales de muchos niños norteamericanos. Una de las curiosidades es que los medios digitales influencian más en los sueños profesionales infantiles que la familia.

Alex Williams y Nick Srnicek propusieron en 2016 un nuevo escenario económico en su *Inventing the Future. Postcapitalism and a World Without Work*[182]. Los autores cuestionan la idea del trabajo industrial aplicada al momento actual, los modelos políticos tradicionales y unos marcos conceptuales desfasados con la sincronía financiera global. Proponían un salario único postcapitalista que se apoyara en los robots y el aprendizaje tecnológico. Estemos de acuerdo o no con ellos, lo cierto es que el futuro puede ser muy diferente de como lo imaginamos.

Si la comprensión económica era la fórmula del desarrollo y una asignatura pendiente en la pedagogía del siglo pasado, hoy este entendimiento ha de ser integral[183]. Como dice el analista británico Chris Skinner «a cada revolución humana le ha seguido otra de los intercambios monetarios y de valor. Por eso hay que reflexionar sobre el pasado, para entender el presente y predecir el futuro»[184]. Los foros de debate son importantes para ello[185].

Skinner ha reflexionado sobre el futuro de las finanzas y el papel del dinero en el mundo antiguo. Hace suya la frase de William Somerset Maugham: «El dinero es como un sexto sentido sin el que no se pueden utilizar plenamente los otros cinco.» El autor señala que entender su papel en los procesos históricos y sociales es importante para poder enfrentar fenómenos como el *bitcoin* y el efecto red en las transacciones del futuro.

Esto implica tener marcos conceptuales que expliquen relaciones curiosas. Como por ejemplo el estoicismo de muchos empresarios en Silicon Valley[186]. Otra vez la ética ha de ir de la mano con la formación financiera.

En esa línea habría que retomar algunos conceptos básicos que permitan a los jóvenes salvar los obstáculos o los cambios a los que se enfrentarán. Dichas definiciones son fundamentales para una educación económica básica, pero también para una concepción integral de la historia. La definición del dinero, el trabajo, la felicidad, el bienestar, la salud y la ecología han de incluirse en una explicación del funcionamiento de la economía y el uso de las herramientas financieras actuales. Por ejemplo, saber cuál es la huella de carbono que dejamos con nuestros traslados, es una base para aproximarnos a las estrategias de desplazamientos que utilicen las empresas del futuro.

Es muy útil también conocer la paradójica relación entre felicidad y dinero. Hace poco el youtuber Casey Neistat[187] comentaba dos tipos de problemas, unos financieros y otros vitales, cuyos hilos no necesariamente se cruzan. En él hacía mención a un artículo muy interesante de *The New York Times* titulado *Sano, exitoso y miserable*[188].

Un plan de educación financiera[189] ha de contar con todos los elementos que entran en juego en la formación del futuro. Ecosistemas saludables, trabajo digital, alimentación responsable[190], igualdad de género, inclusión y convivencia con robots[191]. Así podremos sorprender al futuro y no al revés.

Copyright

· Ciudades sin barreras
· Las series de televisión y sus predicciones sobre el futuro
· ¿Qué diría Cicerón sobre las redes sociales?
· Hacia una nueva educación financiera
· Empresa y ciencia hoy. La reinvención del I+D (Sir Isaac Newton en Sillicon Valley)
· Nexos y posibilidades en la industria de los videojuegos
· ¿Qué ventajas trae saber cómo se usan los lenguajes de programación?
· Las noticias falsas y la calidad del contenido
· La importancia de los laboratorios de ética digital en las empresas
· La digitalización y sus valores
· El podcasting y algunas razones de su éxito
· Las llamadas soft skills y la transformación digital
· Proust y la IA: cómo la literatura puede ser valiosa para la analítica de datos (Proust y la inteligencia artificial)

· Ética e inteligencia artificial no son palabras difíciles
· ¿Qué diría Aristóteles sobre la inteligencia artificial?
· El viaje en tiempos digitales
· El riesgo de pixelar el contenido
· Pensar en las ciudades desde lo antidisciplinar
· Bulos: la literatura como enseñanza y antídoto (La literatura como amenaza y antídoto)
· La tecnología y las nuevas narrativas financieras
· Configuraciones

NOTAS

1 https://www.ted.com/#/

2 https://www.elmundo.es/cultura/laesferadepapel/2019/05/27/5ce6ec99fdddff821c8b45c2.html

3 https://www.amazon.es/You-Talkin-Me-Rhetoric-Aristotle/dp/1846683165

4 https://plato.stanford.edu/entries/aristotle-rhetoric/

5 https://es.wikipedia.org/wiki/AuronPlay

6 https://www.youtube.com/user/shane

7 https://www.youtube.com/watch?v=Bbb5XC6DYxY

8 https://twitter.com/TheEllenShow

9 https://twitter.com/jimmyfallon

10 https://www.youtube.com/channel/UCVYamHli-CI9rw1tHR1xbkfw/videos

11 https://www.youtube.com/channel/UCXGgrKt94gR6lmN4aN3mYTg

12 https://www.youtube.com/user/NewYorkerDotCom/

search?query=mary+norris

[13] https://www.youtube.com/channel/UCtinbF-Q-fVt-hA0qrFQTgXQ

[14] https://www.youtube.com/user/charlieissocoollike/videos

[15] https://www.shoutmeloud.com/

[16] https://www.eofire.com/podcast/

[17] https://www.brainpickings.org/about/

[18] https://www.youtube.com/user/LuisitoComunicaa/videos

[19] https://executive.mit.edu/openenrollment/program/communication-persuasion-in-the-digital-age/#.XOuqFIgzbRZ

[20] http://postgradosuandes.cl/diplomados/diplomado-en-retorica-el-arte-de-la-persuasion/?utm_source=diplomados/diplomado-en-retorica-el-arte-de-la-persuasion/28-05-2019&utm_medium=Correo&utm_campaign=Literatura

[21] https://plato.stanford.edu/entries/plato-rhetoric/#Gor

[22] https://www.bbva.com/es/recomendacion-inteligencia-artificial/

[23] https://us.macmillan.com/howfictionworks/jameswood/9780312428471/

[24] http://www.wired.co.uk/article/how-china-became-tech-superpower-took-over-the-west

[25] https://es.wikipedia.org/wiki/Patrick_Leigh_Fermor

[26] https://www.amazon.es/Mani-Peloponnese-Patrick-Leigh-Fermor/dp/0719566916

27 http://www.siruela.com/catalogo.php?id_libro=703

28 http://onlinelibrary.wiley.com/doi/10.1112/plms/s2-42.1.230/abstract

29 https://en.wikipedia.org/wiki/Dartmouth_workshop

30 https://www.bbvaopenmind.com/libro/el-proximo-paso-la-vida-exponencial/

31 https://maldita.es/bulo/no-si-en-un-cajero-metes-tu-pin-al-reves-no-se-avisa-automaticamente-a-la-policia/

32 https://www.wired.com/story/japans-top-cybersecurity-official-has-never-used-a-computer/?mbid=social_twitter&utm_brand=wired&utm_campaign=wired&utm_medium=social&utm_social-type=owned&utm_source=twitter

33 https://www.theguardian.com/books/2018/jul/24/ada-lovelace-first-edition-pioneering-algorithm-program

34 https://octoverse.github.com/

35 https://www.rasmussen.edu/degrees/technology/blog/programming-careers-for-coding-connoisseurs/

36 https://www.youtube.com/watch?v=ROdNR9D8TX8

37 https://retina.elpais.com/retina/2018/11/26/innovacion/1543228065_577440.html

38 https://www.xataka.com/otros/debe-ensenarse-programacion-en-todas-las-carreras-de-la-universidad

39 https://www.xataka.com/aplicaciones/en-lenguajes-programacion-los-que-mas-gustan-no-son-los-mas-populares-ni-los-que-dan-mas-dinero

40 http://www.ortegaygasset.edu/publicaciones/revistadeocci-

dente/julio-agosto-2017

41 https://www.wired.com/story/fake-news-challenge-artificial-intelligence/

42 https://www.technologyreview.com/s/608341/how-the-gangnam-style-video-became-a-global-pandemic/

43 http://www.businessinsider.com/novels-that-teach-you-about-business-2015-6

44 https://reutersinstitute.politics.ox.ac.uk/sites/default/files/Digital%20News%20Report%202017%20web_0.pdf?utm_source=digitalnewsreport.org&utm_medium=referral

45 https://www.xataka.com/robotica-e-ia/dexmo-es-un-guante-que-nos-permite-tocar-y-sentir-objetos-virtuales

46 https://books.google.es/books?id=xhWVufg1RxAC&hl=es

47 http://www.humphrey.org.uk/papers/1976SocialFunction.pdf

48 https://www.amazon.es/Multiple-Intelligences-Howard-Gardner/dp/046501822X

49 http://journals.sagepub.com/doi/pdf/10.1177/1080569903261973

50 http://www.businessinsider.com/best-resume-soft-skills-employers-look-for-jobs-2018-4

51 https://www.amazon.com/Give-Take-Helping-Others-Success/dp/0143124986

52 https://www.bbva.com/es/soft-skills-sirven/

53 https://www.weforum.org/agenda/2018/01/top-quotes-

from-davos-on-the-future-of-education/

54 https://www.amazon.co.uk/Fans-Bloggers-Gamers-Exploring-Participatory/dp/081474284X

55 https://papers.ssrn.com/sol3/papers.cfm?abstract_id=3023545

56 https://ifcncodeofprinciples.poynter.org/

57 https://www.youtube.com/watch?v=oM2KXjGLYNQ

58 https://www.wired.co.uk/article/damian-collins-profile-dcms-fake-news-inquiry

59 https://fullfact.org/

60 https://www.jotdown.es/2018/07/almanaques-espias-y-un-chandal-el-universo-secreto-de-los-fact-checkers/

61 http://www.thecanadianencyclopedia.ca/en/article/the-gutenberg-galaxy-the-making-of-typographical-man/

62 http://www.elboomeran.com/obra/2251/escrituras-para-el-siglo-xxi-literatura-y-blogosfera/

63 https://en.wikipedia.org/wiki/David_Remnick

64 https://www.amazon.com/Elements-Typographic-Style-Robert-Bringhurst/dp/0881791326

65 https://www.economist.com/news/leaders/21721656-data-economy-demands-new-approach-antitrust-rules-worlds-most-valuable-resource?fsrc=scn/tw/te/rfd/pe

66 https://www.nationalgeographic.com.es/historia/grandes-reportajes/julio-verne-escritor-visionario_13488/3#anclaTexto

67 https://www.filmaffinity.com/es/film750257.html

68 https://www.filmaffinity.com/es/film993489.html

69 https://www.cbs.com/shows/csi/

70 https://es.hboespana.com/series/silicon-valley/65878e1f-364b-4370-8dc2-938957be8040

71 https://www.scifutures.com/

72 https://www.cnet.com/news/imagining-a-sci-fi-future/#

73 https://intl.startrek.com/

74 https://www.imdb.com/title/tt0407362/

75 https://es.hboespana.com/series/westworld/23871b4b-99e0-42a0-8122-4254db35c073

76 https://www.netflix.com/es/title/70264888

77 https://www.fox.com/the-passage/

78 http://www.bbcamerica.com/shows/orphan-black/

79 https://www.netflix.com/es/title/80154610

80 https://www.filmaffinity.com/es/film967260.html

81 https://www.amc.com/shows/the-walking-dead

82 https://www.amazon.com/gp/product/B00RSGIVVO/

83 https://www.cbs.com/shows/the-twilight-zone-classic/

84 https://www.fox.com/fringe/

85 https://www.netflix.com/es/title/80025744

86 https://www.imdb.com/title/tt1821681/

87 https://www.bbc.co.uk/programmes/b006q2x0

88 http://www.rtve.es/television/ministerio-del-tiempo/

89 https://www.syfy.com/12monkeys

90 https://www.hulu.com/series/112263-8924769b-be48-49c9-a969-984a30a3a33e

91 https://www.pubpub.org/pub/designandscience?context=jods

92 https://www.bbva.com/es/bbva-reordena-mapas-madrid-barcelona-mexico-ayuda-big-data/

93 https://www.wired.com/2016/03/mit-media-labs-journal-design-science-radical-new-kind-publication/

94 http://relatodeviajes.com/eventos/

95 https://www.media.mit.edu/articles/city-science-summit-2017-andorra-14-15-september/

96 https://www.educathyssen.org/programas-publicos/visita-ciudades-invisibles?_ga=2.159006460.773358122.1506873086-28836032.1506873086

97 http://newsroom.bankofamerica.com/press-releases/merrill-lynch/millennials-outperform-everyone-saving-its-not-what-youd-think

98 http://www.cervantesvirtual.com/obra-visor/javier-reverte-el-viaje-la-literatura-y-el-libro/html/a86a1837-957f-484c-9bde-e7144e5d1bc4_5.html

99 https://ec.europa.eu/transport/modes/air/security/aviation-security-policy/oss_en

100 https://www.youtube.com/watch?v=a7NJ6Gek9v4

101 https://www.wired.com/2016/11/virtual-reality-lets-arrive-without-traveling/

102 http://digital.csic.es/bitstream/10261/41946/1/El%20relato%20de%20viajes.pdf

103 https://hyperloop-one.com/

104 http://www.spacex.com/dragon

105 https://www.britannica.com/topic/Seven-Cities-of-Cibola

106 https://onu.org.gt/objetivos-de-desarrollo/

107 https://www.penguinrandomhouse.com/books/586541/the-uninhabitable-earth-by-david-wallace-wells/

108 https://www.un.org/development/desa/en/news/population/2018-revision-of-world-urbanization-prospects.html

109 https://www.worldcat.org/title/global-city-new-york-london-tokyo/oclc/45799502

110 https://www.lboro.ac.uk/gawc/

111 https://www.worldbank.org/en/topic/inclusive-cities#1

112 http://theconversation.com/understanding-others-feelings-what-is-empathy-and-why-do-we-need-it-68494

113 https://www.urban.org/sites/default/files/publication/97981/inclusive_recovery_in_us_cities_0.pdf

114 http://habitat3.org/wp-content/uploads/NUA-Spanish.pdf

115 https://www.rehatrans.com/movilidad/google-maps-rutas-adaptadas

116 http://documents.worldbank.org/curated/en/

402451468169453117/pdf/AUS8539-REVISED-WP-P148654-PUBLIC-Box393236B-Inclusive-Cities-Approach-Paper-w-Annexes-final.pdf

117 http://www.bbc.com/news/technology-18475646

118 Los últimos teléfonos inteligentes de Apple y Huawey ya cuentan con procesadores destinados al desarrollo de la IA.

119 http://raysolomonoff.com/dartmouth/boxa/dart564props.pdf

120 https://www.bbva.com/es/inteligencia-artificial-esta-vuelta-esquina/

121 Gardner, Howard (1983), Frames of Mind: The Theory of Multiple Intelligences, Basic Books.

122 https://www.wired.com/story/why-artificial-intelligence-is-not-like-your-brainyet/

123 http://www.itpro.co.uk/technology/30736/eu-to-study-the-ethical-development-of-ai

124 https://singularitynet.io/#team

125 https://www.microsoft.com/en-us/research/people/tigebru/

126 https://www.museothyssen.org/conectathyssen/apps/second-canvas-thyssen

127 https://news.microsoft.com/europe/features/next-rembrandt/

128 https://www.bbvaopenmind.com/en/articles/the-future-of-artificial-intelligence-and-cybernetics/

129 https://www.forbes.com/sites/jasonbloomberg/2018/04/

29/digitization-digitalization-and-digital-transformation-confuse-them-at-your-peril/#2f8a29742f2c

130 https://www.museodelprado.es/modelo-semantico-digital/modelo-ontologico

131 https://www.bbva.com/es/algoritmos-big-data-tambien-sirven-regular-economia-colaborativa/

132 https://www.technologyreview.com/s/611536/a-team-of-ai-algorithms-just-crushed-expert-humans-in-a-complex-computer-game/

133 https://www.statista.com/statistics/786826/podcast-listeners-in-the-us/

134 https://www.theatlantic.com/entertainment/archive/2017/12/the-50-best-podcasts-of-2017/548165/

135 https://www.aimc.es/a1mc-c0nt3nt/uploads/2017/05/170419_egm_2017ola1.pdf

136 http://blogs.eltiempo.com/podcast-elsiglo21eshoy/2017/12/14/estos-los-podcasts-espanol-mas-importantes-del-2017/

137 https://www.gimletmedia.com/homecoming

138 http://www.lavanguardia.com/series/20170727/43121195638/series-podcasts-de-moda.html

139 http://www.marspatel.com/

140 https://www.ted.com/

141 https://blog.pacific-content.com/the-5-biggest-podcast-trends-from-2018s-infinite-dial-research-a73efe328886

142 https://newzoo.com/insights/articles/cloud-gaming-market-first-billion-dollar-year-23-7-million-paying-users-will-ge-

nerate-revenues-of-1-4-billion-in-2021/

143 https://www.cnbc.com/2018/07/18/video-game-industry-is-booming-with-continued-revenue.html

144 https://www.wepc.com/news/video-game-statistics/#video-gaming-industry-overview

145 https://www.britannica.com/topic/electronic-game

146 https://www.ibm.com/ibm/history/ibm100/us/en/icons/deepblue/

147 https://newzoo.com/insights/articles/newzoos-2018-report-insights-into-the-137-9-billion-global-games-market/

148 https://www.gog.com/

149 https://www.antstream.com/

150 https://www.moma.org/explore/inside_out/2012/11/29/video-games-14-in-the-collection-for-starters/

151 https://en.idate.org/product/marche-mondial-jeu-video-dataset-rapport/

152 https://newzoo.com/insights/trend-reports/global-esports-market-report-2018-light/

153 http://www.aevi.org.es/web/wp-content/uploads/2018/05/ES_libroblanco_online.pdf

154 https://www.britannica.com/topic/research-and-development

155 https://eshorizonte2020.es/

156 https://ec.europa.eu/info/research-and-innovation/strategy/support-policy-making/support-eu-research-and-innova-

tion-policy-making/evaluation-impact-assessment-and-monitoring-research-and-innovation-programmes/horizon-2020_en

157 https://eshorizonte2020.es/actualidad/noticias/principio-de-acuerdo-sobre-horizonte-europa

158 https://stanfordresearchpark.com/about

159 https://ethw.org/Frederick_Terman

160 https://www.bbvaopenmind.com/wp-content/uploads/2015/01/BBVA-OpenMind-libro-Reinventar-la-Empresa-en-la-Era-Digital-empresa-innovacion1-1.pdf

161 https://www.media.mit.edu/projects/OLD_cityhome2/overview/

162 https://www.youtube.com/watch?v=SQwpuQhWizA

163 https://oriliving.com/

164 http://news.mit.edu/2018/startup-ori-robotic-furniture-0131

165 http://digitalethicslab.oii.ox.ac.uk/

166 https://www.digitalethics.org/

167 https://www.gartner.com/smarterwithgartner/kick-start-the-conversation-on-digital-ethics-2/

168 https://www.eugdpr.org/

169 http://www.columbia.edu/acis/ets/CCREAD/etscc/kant.html

170 https://www.businessinsider.com/overwatch-league-aims-to-make-esports-mainstream-2018-1?IR=T

171 https://www.bbva.com/es/garanti-bank-liderando-revolu-

cion-digital-bancaria/

[172] https://hbr.org/2017/03/is-your-company-using-employee-data-ethically

[173] https://www.bbva.com/en/bbva-living-our-values/

[174] https://www.wsj.com/articles/a-better-way-to-teach-cybersecurity-to-workers-1505700120

[175] https://www.avanade.com/en/blogs/avanade-insights/artificial-intelligence/ai-and-digital-ethics

[176] https://www.newyorker.com/magazine/2018/07/23/can-economists-and-humanists-ever-be-friends

[177] https://www.bbva.com/es/es/por-que-la-educacion-financiera-no-es-una-asignatura-en-el-colegio/

[178] https://www.ravereviews.org/gen-z-financial-fears/

[179] https://www.nytimes.com/2019/02/18/climate/greta-thunburg.html?ref=nyt-es&mcid=nyt-es&subid=article

[180] https://www.visioncritical.com/blog/generation-z-infographics

[181] https://www.fatherly.com/love-money/work-money/the-2017-imagination-report-what-kids-want-to-be-when-they-grow-up/

[182] https://www.versobooks.com/books/2315-inventing-the-future

[183] https://www.bbva.com/es/la-educacion-es-una-de-las-mayores-fuentes-de-oportunidad-para-las-personas/

[184] https://www.bbvaopenmind.com/wp-content/uploads/2017/01/BBVA-OpenMind-Pasado-presente-y-futuro-del-di-

nero-la-banca-y-las-finanzas-Chris-Skinner.pdf

185 https://www.bbva.com/es/llegan-edufin-talks-un-foro-de-debate-para-la-educacion-financiera/

186 https://www.nytimes.com/2019/03/26/style/silicon-valley-stoics.html

187 https://www.youtube.com/watch?v=ROfBLx6bLZI

188 https://www.nytimes.com/interactive/2019/02/21/magazine/elite-professionals-jobs-happiness.html

189 https://www.cnmv.es/DocPortal/Publicaciones/PlanEducacion/PlanEducacion18_21.pdf

190 https://www.weforum.org/agenda/2019/03/meatless-mondays-expands-to-all-1-800-new-york-city-public-schools

191 https://elpais.com/internacional/2019/03/21/actualidad/1553180920_032158.html?rel=mas

Ángel Pérez Martínez

El autor es profesor de la Universidad del Pacífico de Lima (Perú), doctor en Literatura Española por la Universidad Complutense de Madrid y máster en Filología Hispánica por el Instituto de la Lengua, Literatura y Antropología del CSIC. Ha sido ganador del Premio Internacional de Crítica Literaria Amado Alonso (Navarra, 2004) y del Premio Nacional de Literatura Infantil y Juvenil El Barco de Vapor (Lima, 2009). Entre sus muchos trabajos destaca el libro *Cervantes y su idea de la virtud.* Su entusiasmo por los vínculos entre las letras y la tecnología lo ha impulsado a colaborar en varios proyectos interdisciplinares y promover el conocimiento de las Humanidades Digitales mediante la organización de congresos y la edición digital.

www.ingramcontent.com/pod-product-compliance
Ingram Content Group UK Ltd.
Pitfield, Milton Keynes, MK11 3LW, UK
UKHW040032200726
13854UKWH00001B/488

9 788416 503193